钢筋混凝土早龄期约束收缩及开裂性能

侯景鹏　史　巍　著

科学出版社

北　京

内 容 简 介

本书在广泛参考国内外研究成果和工程实践的基础上，阐述了混凝土早龄期力学性能和变形裂缝计算的基本理论和方法。主要内容有混凝土早龄期变形裂缝研究的背景、现状和基本理论，配筋混凝土早龄期约束收缩试验，自密实混凝土早龄期性能试验研究，混凝土早龄期相对湿度测量与分析，防辐射混凝土早龄期性能和耐久性试验研究，混凝土配筋构件约束变形下力学性能分析。

本书可供土木工程领域从事混凝土结构设计、施工和科研的人员阅读，也可作为高等院校相关专业教师和研究生的参考书。

图书在版编目(CIP)数据

钢筋混凝土早龄期约束收缩及开裂性能 / 侯景鹏，史巍著. —北京：科学出版社，2024.6

ISBN 978-7-03-077242-8

Ⅰ. ①钢… Ⅱ. ①侯… ②史… Ⅲ. ①钢筋混凝土-收缩-控制 ②钢筋混凝土-裂缝-控制 Ⅳ. ①TU528.571

中国国家版本馆 CIP 数据核字（2023）第 248423 号

责任编辑：王 钰 / 责任校对：王万红

责任印制：吕春珉 / 封面设计：东方人华平面设计部

科学出版社出版

北京东黄城根北街 16 号

邮政编码：100717

http://www.sciencep.com

北京中科印刷有限公司印刷

科学出版社发行 各地新华书店经销

*

2024 年 6 月第 一 版 开本：B5（720×1000）

2024 年 6 月第一次印刷 印张：9 1/4

字数：173 000

定价：98.00 元

（如有印装质量问题，我社负责调换）

销售部电话 010-62136230 编辑部电话 010-62151061

前　言

现浇混凝土结构早龄期开裂是工程中存在的普遍现象，长期以来一直不能从理论上和实践上找到理想的解决办法。早龄期混凝土水泥水化作用尚未充分进行，强度、刚度尚未充分发展，结构相对来说处于未成熟阶段，裂缝出现将导致结构渗漏、钢筋锈蚀，并在一定程度上影响建筑物外表观瞻，对建筑物的正常使用和耐久性都产生不利的影响。近年来广泛应用的高强、高性能混凝土，早龄期开裂问题更为严重，成为制约其应用的主要因素之一。

本书主要从以下几方面阐述混凝土早龄期性能和变形裂缝问题。

1. 配筋混凝土早龄期约束收缩试验

混凝土早龄期开裂主要是由变形因素（如收缩、温度变形等）受到约束限制产生拉应力和拉应变而引起的。与荷载裂缝相比，混凝土早龄期变形裂缝机理复杂、影响因素众多，是个综合性问题，结构设计、施工方法、环境条件、原材料选择及配合比设计、外加剂和掺合料的使用等都从不同角度、不同程度上影响裂缝的形成和扩展。

借鉴国外温度应力试验机，设计专门的刚性框架端部约束收缩试验装置，借助框架刚度约束配筋混凝土轴向试件的收缩变形。进行约束条件下配筋混凝土早龄期力学性能、收缩、温度变形、相对湿度和开裂性能的试验研究，测试了普通混凝土、高强混凝土、自密实混凝土在不同约束方式、不同约束程度及不同环境条件下的力学特性和裂缝发生发展情况，建立混凝土早龄期力学性能和变形性能随龄期发展的预测方法。

2. 自密实混凝土早龄期性能试验研究

自密实混凝土，又称高流态混凝土，其拌合物主要依靠自重不需要振捣即可充满模板、包裹钢筋，具有良好的工作性能，在密集配筋和复杂形状的条件下能均匀密实填充成型，为施工带来极大方便，兼有提高混凝土质量、改善施工环境、加快施工进度、提高劳动生产率、降低工程费用等效果，被称为最近几十年中混凝土技术最具革命性的发展。

进行了自密实混凝土配制、工作性能、力学性能、变形性能研究，分析其流动性、保水性、抗离析性和钢筋间隙通过性等随原材料和配合比变化的关系。利用端部约束收缩试验装置，进行自密实混凝土早龄期在不同环境条件下的干燥收缩、自收缩和约束收缩下力学性能的试验研究。

3. 混凝土早龄期相对湿度测量与分析

早龄期混凝土内部相对湿度变化是非常重要但又难于准确描述的物理量，是决定水泥水化进程的重要参数，与混凝土大多数物理力学性能相关，早龄期温度变形、收缩变形、收缩应力和开裂等受湿度的影响很大，湿度变化是早龄期变形和应力发展的驱动力之一。此外，诸如钢筋锈蚀、碱骨料反应、冻融破坏、盐类侵蚀等许多与耐久性相关的劣化失效模式，其破坏机理、破坏程度和破坏速度都与混凝土内部湿度密切相关。

快速、准确地测量混凝土内部相对湿度一直是试验的难点，通过分析传统插入探头法测量混凝土内部相对湿度的不足之处，基于新型温湿度一体数字传感器，开发出埋入式数字传感器测量混凝土内部相对湿度的新方法，具有体积小、自动、准确、快速、高效等特点。测试了普通混凝土、自密实混凝土，以及高强、高性能混凝土在干燥收缩条件下早龄期内部相对湿度随龄期的变化，揭示了混凝土内部相对湿度发展变化的三阶段规律，建立了混凝土内部相对湿度与干燥收缩之间的定量关系，从而实现了混凝土内部相对湿度和收缩变形之间的相互预测。

4. 防辐射混凝土早龄期性能和耐久性试验研究

防辐射混凝土又称射线屏蔽混凝土、核能防护混凝土或重混凝土，通常采用普通水泥或密度较大、水化后结合水含量较多的水泥与表观密度较大的粗骨料或结合水含量较多的重骨料通过一定的配合比配制而成。其表观密度大，能有效屏蔽α、β、γ、X射线和中子射线，常作为原子核反应堆安全壳、核电厂房、核污染水与废料的临时或永久存储设施，以及其他放射性装备的射线屏蔽防护材料，在核电、军事、人防、医疗等众多领域得到广泛应用。

进行了钢渣和粉煤灰复合掺料重晶石防辐射混凝土性能研究。钢渣和粉煤灰作为工业废料，循环利用有助于资源优化配置。钢渣和粉煤灰作为掺合料在混凝土中应用已经有了一定研究基础，但对重晶石防辐射混凝土性能影响则有待研究。进行了钢渣取代部分重晶石砂、粉煤灰取代部分水泥的重晶石防辐射混凝土配合比设计、工作性能、力学性能、早龄期收缩变形性能、抗渗水性能、抗碳化性能、抗冻融性能等方面研究，分析了钢渣粉煤灰复合掺料防辐射混凝土的耐久性变化规律，测试了不同粉煤灰掺量下重晶石混凝土的微观结构，为重晶石防辐射混凝土的工程应用提供一定参考。

5. 混凝土配筋构件约束变形下力学性能分析

从材料、结构和施工环境三方面的影响因素出发，对混凝土早龄期变形裂缝进行综合分析，比较了荷载作用和约束变形作用下的配筋混凝土构件的受力特点和荷载变形曲线。参考已有研究成果，利用粘结滑移理论，建立轴向配筋构件在完全约束和部分约束下裂缝宽度、裂缝间距等参数的计算模型，为改善混凝土早龄期力学性能，定性和定量地分析、预测和控制混凝土的早龄期变形开裂，提供依据和参考。

在撰写本书过程中，参考了众多国内外同行的文献，在此对这些文献的作者特表感谢！书中一些研究内容得到国家自然科学基金项目、教育部留学回国人员科研基金项目、吉林省科技厅项目等的资助，在此表示诚挚感谢！硕士研究生陈群参与了第 6 章内容的部分试验项目，并做了图表和文字整理等辅助性工作，在此一并表示感谢！

限于作者水平，书中难免存在不妥之处，恳请读者批评指正。

作　者

2021 年 10 月于吉林

目 录

第 1 章　混凝土早龄期变形裂缝研究的背景和现状

1.1　混凝土的耐久性和裂缝

1.1.1　混凝土耐久性

混凝土是现代人类社会最重要的人造建筑材料。一百多年来，混凝土生产、运输和质量控制的各个环节，如原材料、配合比、外加剂、掺合料等，都取得了巨大进步。新技术不断涌现，提高了混凝土的物理力学性能、施工性能和耐久性。在这种背景下，20 世纪 90 年代，高强、高性能混凝土（high performance concrete，HPC）应运而生，并成为 21 世纪混凝土技术的重要发展方向之一。

高强、高性能混凝土改变了普通混凝土仅以强度作为设计指标的理念，而以强度和耐久性共同作为主要设计指标。

现浇混凝土结构的早龄期开裂问题一直在工程中普遍存在。混凝土开裂将导致结构渗漏、钢筋锈蚀，并在一定程度上影响建筑物的外表观瞻，对建筑物的正常使用、耐久性、安全性都产生极为不利的影响。随着高强、高性能混凝土的日益推广和应用，混凝土早龄期开裂问题却趋于严重。

通常认为，设计完好的混凝土结构应该是防水的、高抗渗性的。混凝土内部包含不连续的微孔和微裂缝，在外部因素（如荷载、环境因素等）和内部因素（如收缩、水化热引起的温度变形等）的共同作用下，通过一系列复杂的物理化学反应发生性能劣化，不连续微孔和微裂缝扩展、贯穿而形成宏观裂缝，贯穿裂缝构成了混凝土内部流通的路径，增加了材料的渗透性，使外部侵蚀介质更容易进入混凝土内部，造成进一步的性能劣化。这样就形成混凝土结构在内因和外因共同作用下由初始缺陷引发的性能劣化—开裂—抗渗性降低—进一步性能劣化的恶性循环链（图 1.1），这是造成混凝土结构耐久性降低、失效破坏的主要模式。

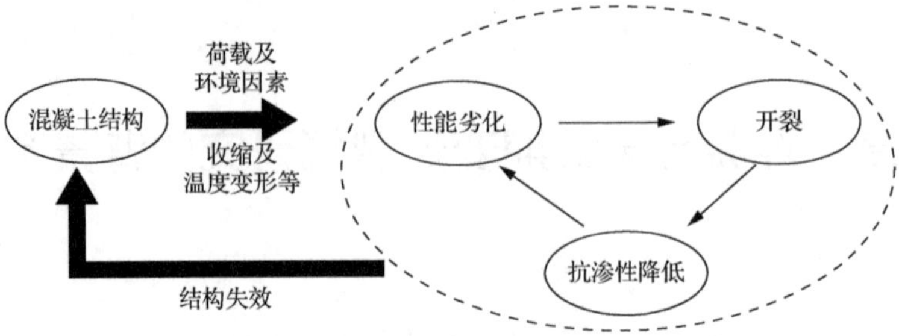

图 1.1　内因和外因共同作用下混凝土结构耐久性降低、失效破坏主要模式

1.1.2　混凝土裂缝

裂缝是固体材料中的不连续现象，分为宏观裂缝和微观裂缝。对于均质各向同性材料，采用断裂力学理论和损伤力学理论解决裂缝问题已相当成熟；而对于混凝土或者钢筋混凝土，由于材料组成成分复杂，各组分之间物理化学性质变化多端，无规则的应力集中引起大量的微裂缝，微裂缝的扩展又受到孔隙、骨料和钢筋的阻抗，因此其断裂或损伤分析远比均质材料复杂得多，断裂力学理论和损伤力学理论在混凝土和钢筋混凝土中远未达到实用阶段。

各种现代试验设备，如显微仪、X 射线成像设备、超声仪、渗透观测仪等，证实了尚未承受荷载的混凝土中存在大量初始微裂缝和缺陷，这些微裂缝通常是肉眼不可见的，肉眼可见最小裂缝宽度为 0.05mm，实际正常视力可见的裂缝宽度为 0.2mm，大于 0.05mm 的裂缝称为宏观裂缝。通常认为混凝土有裂缝是绝对的，无裂缝则是相对的，所谓的抗裂设计其实是将宏观裂缝的宽度、长度、分布等控制在一定范围内，而不是也不可能完全消除裂缝。

按照成因不同，混凝土裂缝分为荷载裂缝和变形裂缝两大类。荷载裂缝又称为第一类裂缝，主要由荷载和结构次应力作用造成，通常对这类裂缝的宽度、间距等参数有比较成熟的计算和分析方法；变形裂缝是由收缩变形、温度变形、不均匀沉降等作用引起的，也称为第二类裂缝。

国内外现有设计规范中，针对混凝土裂缝成因不同，主要有两大类应对办法。

第一类，相关结构设计规范的规定灵活，没有验算裂缝的明确规定，设计人员可凭经验自行处理，并且相关的裂缝设计资料只是作为参考而不是规定，如英国、日本、美国等国家的混凝土结构设计规范。

第二类，相关结构设计规范有明确规定，对于荷载裂缝有明确的计算方法和严格的允许极限值的限制，而对变形裂缝则没有做特别说明，一般由设计者凭经验自行处理，如俄罗斯、德国和我国的混凝土结构设计规范均属于这一类。

以前结构设计水平比较低，混凝土强度普遍不高，加之人们对变形裂缝的相关机理不十分清晰，在结构设计中通常忽略变形裂缝；但是随着混凝土强度的普遍提高和人们对混凝土耐久性的逐渐重视，混凝土变形裂缝带来的问题越来越受到关注。

从结构设计理念来看，按照极限状态设计理论，工程结构设计必须满足两个极限状态，即承载能力极限状态和正常使用极限状态。正常使用极限状态主要是从人们的生产、生活和精神等方面的感受对建筑物的要求，包括对建筑裂缝和变形的控制。因此，混凝土裂缝问题一般属于正常使用极限状态的考虑范畴。

混凝土裂缝问题是自混凝土诞生以来一直伴随的质量通病，之所以受到越来越多的关注，有如下几方面原因。

第一，混凝土结构设计理念逐渐从传统的强度设计向性能设计过渡，结构耐久性成为设计者、施工单位和业主必须关注的重要问题，而裂缝是影响混凝土耐久性的重要因素。裂缝不管是宏观的还是微观的，都会直接影响混凝土材料的抗渗性，进而加速混凝土性能劣化速率，促使结构提早破坏。

第二，随着高强、高性能混凝土的应用日益广泛，工程实践中暴露出来的早龄期开裂问题比传统的中低强度混凝土更为严峻，出现了越老的建筑物越结实、越新的建筑物损坏得越快的不正常现象，早龄期开裂问题已成为制约高强、高性能混凝土工程应用的主要障碍。

第三，从混凝土材料的组成成分看，影响混凝土抗裂性能的最主要因素是水泥，目前我国水泥行业的发展趋势是颗粒越来越细，硅酸三钙、铝酸三钙等早强矿物所占比例越来越大，这势必造成水泥早龄期水化剧烈、体积变化大，导致混凝土早龄期开裂严重，结构提早劣化（廉慧珍，2002）。

第四，施工过程中过于追求工程进度和效率，大量使用早强剂、减缩剂等外加剂。在相关作用机理尚不十分明确的情况下，部分外加剂可能对混凝土早龄期裂缝控制起负面影响。

美国和加拿大曾经调查了 20 万座服役期桥梁，发现其中超过 10 万座桥梁的混凝土桥面板在修建后不久就产生了贯穿裂缝，为此每年不得不耗费大量资金用于这些桥梁的维修。

我国目前根据工程建设单位反馈的信息，房屋建筑中现浇混凝土结构楼板、地下室连续墙、底板，道路工程中混凝土路面、机场跑道、桥面板，以及许多大体积混凝土结构物的早龄期开裂问题十分严重，并且早龄期变形因素引起的裂缝占大多数。变形作用引起的或者变形作用为主导因素引起的裂缝占全部裂缝的 80%以上，而荷载裂缝只占 20%左右。

与荷载裂缝相比，混凝土早龄期变形裂缝机理复杂、影响因素众多，是复杂的综合性问题，结构设计、施工方法、环境条件、原材料选择、配合比设计、外加剂和掺合料的使用等都从不同的角度在不同程度上影响着裂缝的形成和发展。如何从这些交织在一起错综复杂的原因中分清哪些是主要因素、哪些是次要因素，如何定性和定量地判断早龄期开裂的可能性，如何计算早龄期变形裂缝的宽度、间距等参数，都是目前面临的问题。

1.2 混凝土早龄期约束变形裂缝

1.2.1 混凝土早龄期

混凝土早龄期的概念一直比较模糊，没有明确统一的定义。通常按照混凝土的成型状态将早龄期分成 3 个时段：流体阶段、骨架形成阶段、硬化阶段。这里参照袁勇（2004）的建议，按照水泥水化进程把混凝土成型发展过程分为 4 个时段，即塑性阶段、早前期阶段、早期阶段、成熟阶段。

塑性阶段：从混凝土浇筑完成至终凝结束，对于普通混凝土可认为浇筑后 0～12h 的时段。该阶段混凝土处于塑性流变状态，水化反应剧烈，物理化学性质都极不稳定，体积变化较大。由于混凝土尚未完全凝固硬化，一般认为这个阶段不会产生过大的应力和结构裂缝问题。

早前期阶段：浇筑后 12（即终凝完成）～72h 的时段。该时段混凝土水化进程过半，混凝土内部微观结构的框架体系基本形成，强度和刚度发展迅速。

早期阶段：一般为浇筑后 72h～90d 的时段。该时段内，水化过程逐渐发展，混凝土的强度和刚度不断提高并趋于成熟。常规的早期变形研究通常是针对该阶段，如《普通混凝土长期性能和耐久性能试验方法标准》（GB/T 50082—2009）的干燥收缩试验方法就是从 3d 龄期开始测试。

成熟阶段：90d 龄期以后的时段。该时段仍有极微弱的水化过程继续，混凝土强度和刚度的发展基本达到稳定状态，属于通常讨论的混凝土的普通性质范畴。

对于混凝土早龄期裂缝和性能的研究主要是针对早前期阶段和早期阶段两部分而言，在这个两时段内，伴随水泥水化过程的进行，混凝土微观结构逐步形成，内部温、湿度随龄期发展变化较大，引起收缩变形、温度变形等体积改变，早龄期裂缝生成和发展正是这些体积变形作用的结果。

早龄期混凝土经历稠化、凝结、固化的过程，历时虽短，却由于水泥水化作用激烈，内部温度、湿度变化较大，体积变形主要集中在这一阶段。混凝土早龄期体积变形主要包括混凝土尚未凝固时的塑性收缩、水化作用引起的自收缩、在干燥环境下水分散失造成的干燥收缩，同时还有伴随着水化过程中温度变化而产生的温度变形。对于大体积混凝土，温度变形可能是导致早龄期开裂的主要原因；而对于中小体积特别是板式、梁式构件，收缩变形通常是早龄期开裂的主要原因。

单纯变形并不会产生应力和裂缝，只有变形受到限制和约束时，才会产生应力并导致开裂。在实际工程结构中，混凝土总是处于模板、钢筋、支座和相邻构件的约束之下，这些因素都会阻碍早龄期变形的发展，从而在结构内部产生约束拉应力。约束应力的大小除了与变形量有关外，还与材料的弹性模量、结构的刚度及混凝土在约束应力作用下的徐变松弛等因素有关，应力超过材料抗拉强度，或者约束应变达到了材料允许的极限应变时，就会产生裂缝。

从材料自身力学性能发展的角度看，早龄期混凝土由于所处时段的特殊性，水泥水化作用尚未充分进行，强度、刚度尚未充分发展，结构相对来说处于比较柔弱的阶段，一旦受到外部作用，很容易发生永久性的损伤与性能劣化，有理由认为这种未成熟期裂缝可能对结构耐久性造成更大的危害。约束构件内部有两个动态的过程，一个是材料水化作用的强化过程，另一个是约束应力导致裂缝开展的损伤过程，二者共同影响混凝土早龄期裂缝的发展和力学性能的演化。

简而言之，混凝土的早龄期变形、约束程度和方式、材料自身力学性能是研究混凝土早龄期变形裂缝问题的关键。

1.2.2　国内外研究概况

由于混凝土早龄期开裂引起的大量工程质量问题造成了巨大经济损失，美国、日本和欧洲的学者都对混凝土早龄期开裂和性能劣化问题予以更多关注。例如，欧洲建筑材料和结构协会 2002 年创建了关于混凝土早龄期收缩变形、温度变形和开裂的技术委员会，美国混凝土协会举办了多次关于混凝土早龄期变形性能和开裂研究的学术研讨会。国内相关的研究也逐渐增多，龚召熊（1999）、富文权等（2002）都阐述了有关混凝土早龄期性能和变形裂缝控制问题。这些试图寻求评价和预测混凝土早龄期开裂、提出改善混凝土早龄期抗裂性能的研究工作主要集中在以下两方面。

一是对素混凝土试件早龄期约束变形性能的试验研究。例如，关于轴向试件的自由收缩变形试验的研究（Aitcin et al., 1997; Radocea, 1998）；采用环形约束试件进行普通混凝土、高强混凝土、纤维增强混凝土的早龄期约束收缩性能和裂缝宽度试验研究（Wiegrink et al., 1996）；双向板式约束收缩开裂试验（Weiss et al., 1998）；也有学者专门探讨了混凝土早龄期轴向约束收缩变形和温度变形的试验装置（Kovler, 1994; Cusson et al., 2007）；在该类试验装置的基础上，有研究者进行了素混凝土试件在轴向完全约束和自由状态下的早龄期收缩变形、约束应力、徐变、裂缝发展的研究，并且辅以混凝土材料不同龄期抗拉强度、弹性模量等的试验研究（Bloom et al., 1995; Altoubat et al., 2001a）。

二是对试验现象的理论解释。对于混凝土这样含有微裂缝或缺陷的材料力学性能，在理论分析上主要有两类基本方法：一类是断裂力学方法，着眼于宏观裂缝前缘的应力场、应变场的分析；另一类是损伤力学方法，着眼于裂缝处细观损伤场的形成和发展。由于混凝土早龄期裂缝并不是总能简化成有尺寸的宏观裂缝，用断裂理论研究混凝土早龄期开裂受到阻碍。很多人认为，用损伤理论分析混凝土早龄期开裂问题可能更合适。损伤理论应用于混凝土始于20世纪80年代，在认识上大致出现两种趋向：一种主张从连续介质力学的角度去探讨含微裂缝混凝土材料的本构方程，如各国学者先后发展起来的各向同性损伤模型、各向异性损伤模型、弹塑性损伤模型、内时损伤理论、非局部模型等；另一种主张把宏观的损伤概念直接应用到工程中去，用混凝土抗拉强度、弹性模量等的折减，以及超声波、声发射速率的改变等衡量裂缝的开展对混凝土性能劣化的影响。

国内关于混凝土早龄期性能的研究，大多集中在素混凝土的自由变形，以及强度和弹性模量等性能随龄期的发展规律上，关于约束变形、早龄期开裂机理的研究不多。安明哲（1999）、严吴南等（1999）进行了高强、高性能混凝土早龄期自由收缩变形研究，许华胜等（2004）进行了高强混凝土干燥收缩过程中混凝土内部湿度变化的研究，试验方案较有代表性，其他关于混凝土自由收缩或温度变形的文献也较多，不一一列举；同济大学袁勇教授的研究团队曾在国家自然科学基金项目资助下完成了混凝土早龄期干燥收缩变形、温湿度场和开裂数值模拟分析、变形机理研究和现场测试等工作（万在龙等，2001；柳献等，2002；侯景鹏，2006）。

总的来说，国内外关于混凝土早龄期变形性能和约束开裂的试验研究和理论分析取得了一定成果，但距离问题的解决尚有差距，主要体现在以下几个方面。

1）研究对象大都局限于素混凝土的材料层次，除 Zhang 等（2000）开展了板式配筋试件早龄期收缩开裂试验、Sule 等（2001）进行了配筋构件在完全约束状态下温度变形和温度应力的试验研究之外，基本没有查到系统地研究配筋混凝土构件早龄期约束变形性能和开裂机理的研究资料。配筋构件的早龄期变形性能涉及钢筋和混凝土早龄期粘结和约束度问题，更有实际意义，但是国内外这方面的研究尚未完备。

2）在试验方法方面，关于自由收缩变形的试验研究多，关于约束变形的试验研究少，而仅凭自由收缩变形试验提供的信息不足以对早龄期变形开裂的趋势做出恰当的判断。在仅有的约束变形的试验研究中，对环型约束和板式约束的试验研究多，而对轴向约束的试验研究少。环型约束方法虽然实现方便，但不能应用于配筋构件，并且变形测试、应力分析比较困难；双向配筋的板式约束变形试验，构件受力模式更接近工程实际，但是影响因素多，深入进行理论分析困难；若采用单向配筋则可以简化为轴向约束条件，轴向约束变形试验针对性强，面临的问题是主动控制下约束变形试验对设备要求较高，其测试、控制系统都必须有较高的精度。

3）在分析方法方面，关于早龄期开裂机理的定性评价多，定量预测少，对于荷载裂缝研究多，对于变形裂缝研究少，缺乏配筋构件在约束变形状态下开裂模式和约束应力等力学性能分析的方法。

基于以上原因，更新评价和预测混凝土早龄期收缩变形与开裂的方法，寻求改善混凝土特别是高强、高性能混凝土的早龄期抗裂措施，降低其早龄期开裂的可能性，以及由此造成的性能劣化和对耐久性的影响，成为十分紧迫的问题。

混凝土早龄期变形裂缝机理复杂，影响因素众多，要达到定量地分析、预测和控制的目的，必须系统地进行配筋混凝土构件在约束变形状态下开裂机理和相关力学性能的试验和理论研究，从而实现对约束变形状态下混凝土力学性能发展趋势和裂缝参数的预测。

当前关于混凝土结构早龄期性能和早龄期开裂的基础研究落后于工程实践。开展配筋混凝土在约束状态下早龄期力学性能和开裂机理的试验和理论研究，对于提高混凝土结构设计水平、定量预测和控制混凝土结构的早龄期开裂、评价混凝土早龄期开裂对后期力学性能及耐久性的影响等具有重要的意义。图 1.2 从结构全寿命的角度，揭示了混凝土早龄期开裂及由此导致的性能劣化对结构全寿命的影响，反映了早龄期变形裂缝研究的重要意义。

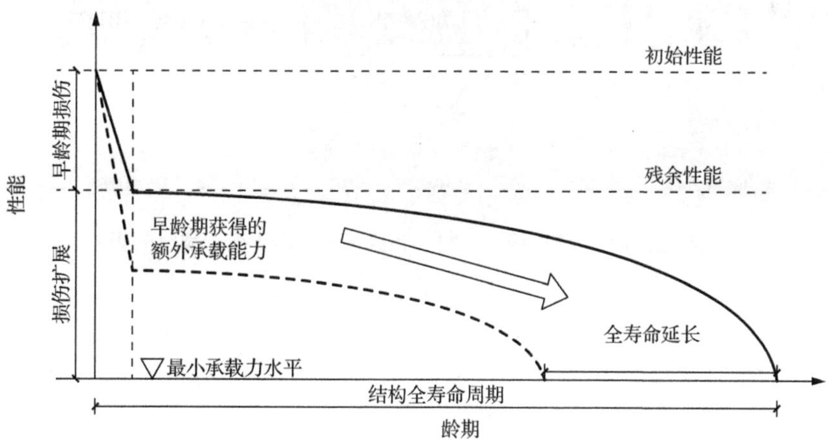

图 1.2　混凝土早龄期开裂和性能劣化对结构全寿命影响

图 1.3 从结构、环境和施工、材料三方面对混凝土早龄期变形裂缝加以阐述：结构设计和结构形式决定约束方式和约束程度；温、湿度环境和施工条件影响混凝土早龄期的温度变形和收缩变形；原材料选择及配合比设计直接决定混凝土早龄期力学性能和变形特性的发展。

考虑结构、环境和施工、材料三方面的主要因素，设计相应的试验方案和参数水平，进行配筋构件在约束状态下的力学性能的试验研究。在此基础上，把结构、环境和施工、材料三方面的影响因素定量数值化，建立早龄期变形开裂的机理模型，从而预测约束应力、混凝土应力和钢筋应力的发展并判断开裂的可能性，计算相关的裂缝参数，据此采取相应抗裂措施，以指导设计、施工和原材料选择。图 1.3 中阴影部分是目前未知或者不甚了解而需要着重解决的问题，是需要研究的重点。

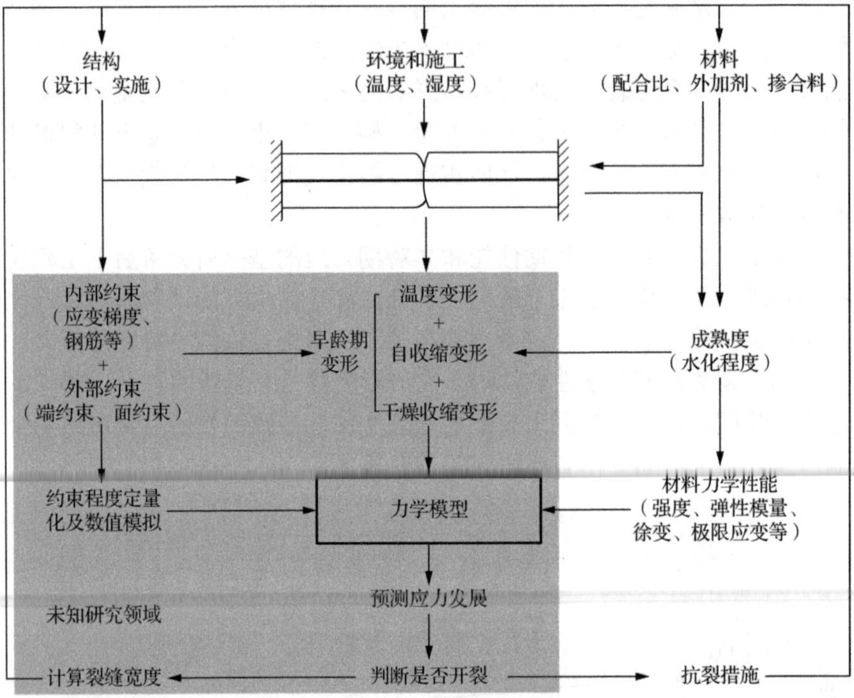

图 1.3　结构、环境和施工、材料各因素对混凝土变形裂缝的影响

第 2 章　混凝土早龄期变形裂缝基本理论

2.1　混凝土早龄期体积变形

2.1.1　早龄期体积变形

混凝土早龄期体积变形一般指未受荷载时的变形，最主要特点是具有时变特性。早龄期变形是早龄期开裂的最直接原因，是早龄期开裂的源动力。早龄期变形主要包括收缩变形、温度变形和徐变变形。收缩变形又分为混凝土尚未凝固时的塑性收缩、水化作用引起的自收缩和在干燥环境下水分散失导致的干燥收缩。温度变形主要是由于水化的内因和环境的外因引起热胀冷缩，引起开裂的通常是冷缩，因为相对于抗拉强度，混凝土抗压强度较高，热胀引起的压应力一般不会有太大的问题，当然，大体积混凝土的温度梯度是另外的问题。这里的徐变表现为混凝土在早龄期非定常约束应力松弛，其与常应力下的徐变是有区别的。混凝土早龄期体积变形汇总如图 2.1 所示。

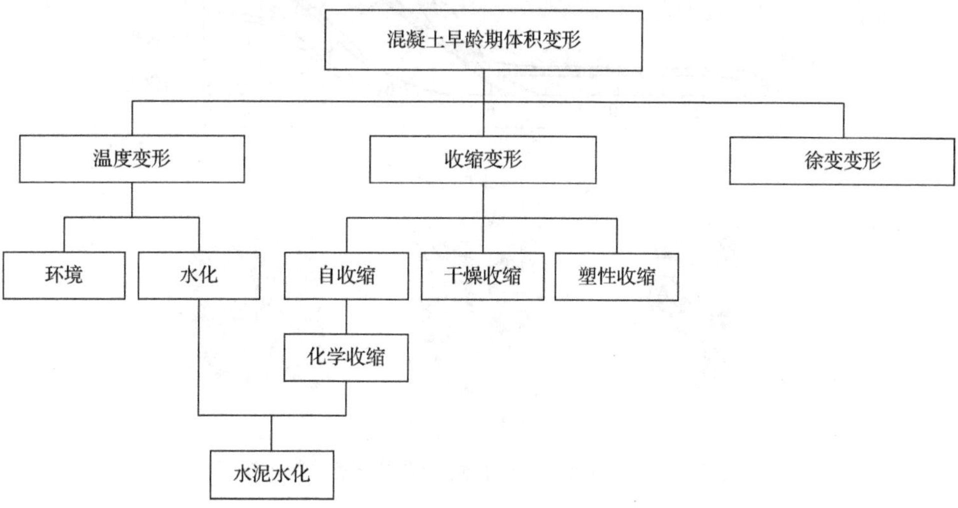

图 2.1　混凝土早龄期体积变形汇总

2.1.2　混凝土微观结构

现代材料科学研究的核心是结构和性能之间的关系。掌握混凝土材料组成基元的结构与性能以及彼此间关系，是研究混凝土一些重要性质（如强度、弹性模量、收缩、徐变、开裂、耐久性等）的基础，探讨早龄期体积变形必须了解水泥石（硬化后的水泥浆体，又称净浆硬化体）和混凝土的微观结构。

水化是水泥和水之间发生的物理化学反应。本节以工程中广泛应用的普通硅酸盐水泥为例，介绍水化进程中最基本的反应及其性质。

水泥与水拌合后，水泥颗粒的基本组分硅酸三钙（$3CaO \cdot SiO_2$，简称 C_3S）、硅酸二钙（$2CaO \cdot SiO_2$，简称 C_2S）、铝酸三钙（$3CaO \cdot Al_2O_3$，简称 C_3A）和铁铝酸四钙（$4CaO \cdot Al_2O_3 \cdot Fe_2O_3$，简称 C_4AF）都相继与水发生反应生成水化产物，最终形成水泥石结构。水泥的水化过程和微观结构形成过程如图 2.2 所示，通常可以把这个过程分成 3 个阶段。

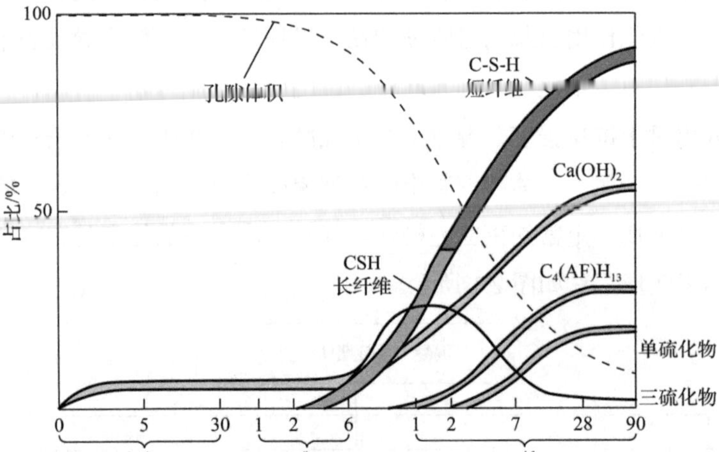

（a）水化过程

（b）微观结构形成过程

图 2.2　水泥的水化过程和微观结构形成过程示意图

水泥与水拌合后的初期存在一个塑性阶段即第一阶段。主要发生两个反应：

①首先发生的是 C_3A 的水化；②由于其水化反应过于剧烈，水泥中通常加入石膏防止 C_3A 水化时发生闪凝现象，石膏掺入后形成三硫型水化硫铝酸钙（即钙钒石），钙钒石包裹在水泥颗粒表面起到阻碍物的作用，抑制 C_3A 的水化速率。通常这一阶段水泥浆体呈液态，具有可塑性和可施工性。

拌合后 1～3h 进入第二阶段即凝固阶段。此时水泥中掺入的石膏逐渐消耗至尽，对水化速率的阻碍作用减弱，包裹在水泥颗粒表面的钙钒石逐渐破碎，水泥中其他组分的水化继续进行，主要是 C_3S 和 C_2S 与水反应生成硅酸凝胶（水化硅酸钙，可表示为 C-S-H）和氢氧化钙。这些水化产物围绕包裹在未水化的水泥颗粒表面，以纤维状向外扩展，长凝胶纤维互相交错形成骨架，短凝胶纤维和氢氧化钙六角形板状晶体填充其中，这种凝胶体结构是硬化水泥浆强度的主要来源。在这个阶段中，C_3S 比 C_2S 的水化反应更快，对混凝土早龄期强度的贡献更大。

第三阶段为硬化阶段。水化水泥浆体逐渐由液态发展成为稳定固态，强度和刚度形成和发展，该阶段主要化学反应是 C_4AF 和 C_3A 与钙钒石反应形成单硫型化合物和水化铁铝酸四钙。

硬化后的混凝土具有高度的不均匀性和复杂的结构，非常难于制定精确的材料微观结构模型用于预测其性能。硬化后混凝土包括 3 个基本组分，即骨料、水泥石、水泥石和骨料之间的过渡区，基本组成和特性如下。

骨料在混凝土中所占的体积通常可达 60%～70%，一般不发生水化反应，强度较高，通常被看作混凝土中充当骨架作用的填充材料，骨料对于混凝土的表观密度、弹性模量、尺寸稳定性等性质起重要作用。

水泥石组成结构中包含固态、液态和气态三相组分。固相主要为水化产物，包括水化硅酸钙、氢氧化钙、硫铝酸钙和未水化的水泥颗粒等，其中水化硅酸钙占固体总体积的 50%～60%，形貌通常介于结构性很差的纤维状和错综复杂的网状组织之间。气相包括气孔、毛细孔和水化硅酸钙的层间空间。液相水按照从水泥石中失去的难易程度，分为自由水、毛细孔水、吸附水、层间结合水和化学结合水，毛细孔的数量、孔径分布和其中含水量的多少，对混凝土的早龄期收缩变形和徐变变形有重要影响，不同类型水失去时对应的相对湿度如表 2.1 所示（梅塔等，2016）。

表 2.1　混凝土中不同类型水失去时的相对湿度

序号	相对湿度/%	失水类型
1	100～90	自由水和毛细孔水
2	90～40	毛细孔水

续表

序号	相对湿度/%	失水类型
3	40～20	吸附水
4	20～0	层间结合水
5	0 或蒸发状态	化学结合水

过渡区是骨料颗粒和水泥石之间的界面区，厚度为 10～50μm，是三相组分中强度的薄弱环节，被认为是混凝土强度的极限相。过渡区体积虽小，但它对混凝土力学行为的影响却至关重要。在新捣实混凝土中，沿着粗骨料周围形成水膜，水膜的存在使贴近骨料处比远离骨料处的水灰比高，从而导致过渡区内孔的体积和尺寸比水泥石大，使其强度降低。同时，围绕骨料周围的板状氢氧化钙晶体往往定向排列，进一步削弱了过渡区的强度。过渡区强度低的另外一个原因是存在微裂缝，这些微裂缝是由于骨料和水泥石之间不均匀变形产生的拉应力造成的。

2.1.3 混凝土的收缩

混凝土收缩主要起因于水泥石的收缩，砂、石骨料不仅不收缩，还可以抑制水泥石的收缩从而减小混凝土收缩，因此，凡是能影响水泥石收缩和骨料约束效应的因素，都会影响混凝土的收缩变形。水泥石收缩源于内部的水分迁移和物理化学变化，在内部主要受制于水泥石中的毛细孔含量、孔径分布及毛细孔中的含水状况，而这些又都受制于含水量和水化度；在外部则主要受制于结构构件所处环境的温、湿度和表面暴露情况。

（1）收缩分类

1）塑性收缩（plastic shrinkage）。

塑性收缩是混凝土浇筑后 4～15h 内，因泌水、表面水分蒸发以及骨料和胶凝料之间不均匀沉降而造成的体积减小。塑性收缩占比较大，最大可达 1%左右。塑性收缩仅仅发生在塑性状态的几个小时内，收缩发生时，混凝土尚未完全凝固，不具有强度和刚度，因此不产生较大应力和结构性裂缝，一般不影响结构性能。塑性收缩相对易于控制，只要在混凝土浇筑后的最初几个小时采取合适的养护措施、避免表面失水过多即可。

2）自收缩（autogenous shrinkage）。

自收缩是在混凝土与外界环境不发生水分交换的情况下发生的，包括化学收缩和自干燥收缩两部分，有时也称为自生收缩。化学收缩是自收缩的主要部分，是由于水泥水化后水化产物的体积比水化前小，减小 7%～10%。水泥水化消耗浆体内部水分而产生自干燥现象，由此导致的收缩称为自干燥收缩。

3）干燥收缩（drying shrinkage）。

干燥收缩是在相对湿度小于 100%和恒定温度下，混凝土向外部环境水分散失而导致的随时间变化的体积减小。干燥收缩主要与环境相对湿度和表面暴露情况有关。干燥收缩一般是可逆或者部分可逆的，在干燥环境下失水收缩，在潮湿环境中又可以吸水或吸湿膨胀。对于高水灰比的普通混凝土而言，干燥收缩是变形开裂问题中考虑的主要因素；而对于低水灰比的高强、高性能混凝土，干燥收缩和自收缩同样重要，都是早龄期开裂的主要因素。

自收缩与干燥收缩有明显的不同：自收缩发生于混凝土与外界环境无水分交换的条件下，而干燥收缩是混凝土向周围环境散失水分而导致的；自收缩在混凝土内部均匀发生，而干燥收缩多发生于构件的暴露表面。低水胶比的高强、高性能混凝土早龄期自收缩比普通混凝土大很多，可能是由于水化作用消耗了水泥浆内部本来就不多的水分，内部相对湿度迅速降低的缘故。

4）碳化收缩（carbonation shrinkage）。

碳化收缩源于水泥浆体中的氢氧化钙和空气中的水、二氧化碳反应，一般发生在混凝土表面，见下式：

$$\mathrm{Ca(OH)_2CO_2 + H_2O \longrightarrow CaCO_3 + 2H_2O} \tag{2.1}$$

碳化反应造成混凝土体积的轻微减小和 pH 降低。一般认为，碳化反应对混凝土体积改变的影响远低于对 pH 的影响，pH 降低导致钢筋表面钝化膜破坏、钢筋锈蚀，而锈蚀产物膨胀造成混凝土膨胀开裂、耐久性降低。与自收缩、干燥收缩相比，碳化收缩量较小，在一般环境中经常不予考虑，只有在特定环境（如持久强度或者表面裂缝分析）中才加以分析。

自收缩和干燥收缩通常是混凝土早龄期变形开裂研究的重点，普通干燥环境下既产生干燥收缩又产生自收缩，但是要通过试验手段严格区分它们还是比较困难的。鉴于它们都能造成结构应力并导致开裂，本书中除特别说明情况外，一般不对它们严格区分。

（2）收缩机制

混凝土的收缩机制比较复杂，目前达成共识的是混凝土收缩源于内部的水分迁移和物理化学变化。通常认为，混凝土收缩很难用单一机制解释清楚，而是多种原因重叠交错造成的，不同情况下不同机制分别起主导作用，有如下几种观点。

1）毛细孔张力（capillary tension）理论。

毛细孔张力学说认为混凝土的收缩变形与干燥过程中毛细孔水弯液面有关。毛细孔水的水面是向内弯曲的，孔径越细，水面曲率越大。在毛细孔水蒸发由饱和变为不饱和、弯液面后退的过程中，曲率也随着增大。由于表面张力作用，毛细孔水面对下面的水可产生牵引效应，使孔内产生负压，孔壁靠紧，混凝土处于不断增强的压缩状态，宏观体积缩小，如图 2.3 所示。

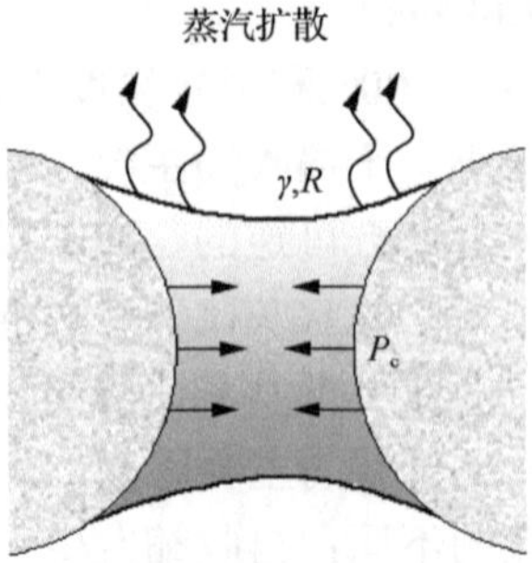

图 2.3　毛细孔张力引起混凝土收缩示意图

毛细孔张力可以依据拉普拉斯方程，通过如下公式计算：

$$P_c = \frac{2\gamma}{R} \tag{2.2}$$

式中：P_c 为毛细孔张力；γ 为空气和水接触面的表面张力系数，取值−0.074N/m；R 为毛细孔弯液面半径。

毛细孔孔径越小，引起蒸发的实际蒸气压即空气相对湿度越低，关于毛细孔半径和引起蒸发的相对湿度的关系如表 2.2 所示。

表 2.2　毛细孔半径和引起蒸发的相对湿度的关系

毛细孔半径/μm	1	0.1	0.01	0.001
引起蒸发的相对湿度/%	99.9	99.0	89.9	34.8

表 2.2 中的数据和式（2.2）表明，越粗的孔，水分越容易失去；越细的孔，水分越难失去。较粗毛细孔的水首先蒸发，失水量较多，但因水面曲率较小，牵拉效应小，水泥石收缩量亦较小；然后是较细、更细的孔水分蒸发，失水量依次减少，水面曲率依次增大，牵拉效应和收缩量亦依次增大。

2）拆开压力（disjointing pressure）理论。

拆开压力定义为粒子间范德瓦耳斯引力和层间排斥力的合力。在一定状态下的系统中，相邻固体粒子间吸附有一定厚度的水分子层，会使相邻粒子之间产生排斥力。由于吸附水分子层的厚度依赖于系统中相对湿度，当系统相对湿度下降时，吸附水分子层的厚度减小，相应层间排斥力减小，硅酸凝胶固体粒子在范德瓦耳斯力的作用下距离变小而产生收缩。拆开压力引起混凝土收缩示意图如图 2.4 所示。

3）固体表面自由能（surface free energy of solid）理论。

固体表面自由能学说认为各种物质的表面分子或原子与内部相比处在高能量状态，这是由于表面分子间束缚力不平衡造成的。这种能量差异在物体表面产生表面张力，相当于在固体物体上施加静水压力。环境湿度变化时，吸附水从水泥凝胶体上脱离，表面张力相应增加，胶粒被压缩从而引起固体颗粒体积变化。研究表明，在相对湿度 20%左右时，固体物质表面吸附第一层水分子，表面自由能变化最大；在相对湿度 50%左右时，固体表面吸附第二层水分子，表面自由能变化不大；当相对湿度超过 50%时候，表面自由能机制对收缩不起明显作用。

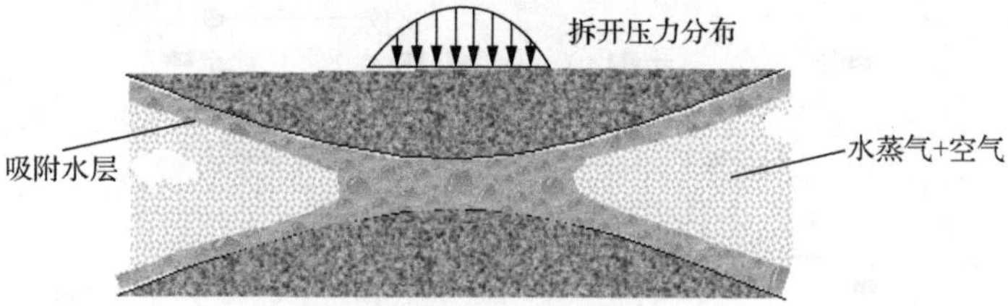

图 2.4　拆开压力引起混凝土收缩示意图

4）层间水散失（loss of interlayer water）理论。

试验研究表明，只有相对湿度小于 11%时，混凝土中凝胶体层间水才开始散失，导致混凝土收缩（Bažant et al., 1994）。在正常环境条件下，该机制对收缩一般也是不起作用的。

（3）收缩测量

混凝土自由收缩测量分为标准收缩试验和非标准收缩试验。采用 100mm×100mm×515mm 的棱柱体试件，端部预埋不锈钢测头，试件成型 1d 后拆模，标准养护 3d 后置于温度 20℃、相对湿度 60%的干燥环境中作为测量的起点，试件放置在专门的试验架上，用千分表测量试件两侧测头间长度随龄期的变化。

标准收缩方法对普通混凝土是合适的，因为普通混凝土的干燥收缩占总收缩的绝大部分，用标准方法养护 3d 后的干燥收缩衡量总收缩不会有较大误差。但对于低水胶比的高强混凝土，该方法并不妥当，高强混凝土早龄期水化剧烈，水灰比低，相对于干燥收缩，早龄期的自收缩同样重要，标准收缩试验把混凝土在标准条件下养护 3d 后作为测量的起点，忽略了此前的早龄期自收缩。

为解决这个矛盾，必须从更早的龄期，甚至在混凝土终凝后尚未拆模时就开始测量，既要能精确地观测到早龄期的收缩值，又不能对混凝土造成扰动而影响其收缩，同时还要消除混凝土早龄期沉实、试件和模板间的摩擦等对测量结果的影响。

在非标准收缩试验中，日本学者 Tazawa 等（1995）将混凝土收缩分为两部分来分别测定，即拆模前的自收缩和拆模后的干燥收缩，该方法较好地解决了混凝土尚无足够强度时早龄期收缩的测定问题。安明哲（1999）在用 Tazawa 方法进行试验研究时发现，混凝土中埋入的测头与收缩仪的测头在不同龄期很难对中，从而对上述方法进行改进：混凝土浇入模具后立即密封模具，带模测定自收缩，测量仪器包括密封模具、千分表架及温度测定装置；这种方法解决了自收缩测定中的一个难题，但操作比较烦琐。国外很多混凝土早龄期收缩的非标准测量方法采用高精度的线性位移传感器［线性可变差动变压器，（linear variable differential transformer，LVDT）］测定，按照线性位移传感器与混凝土接触方式的不同，分为以下几种方式，如图 2.5 所示。

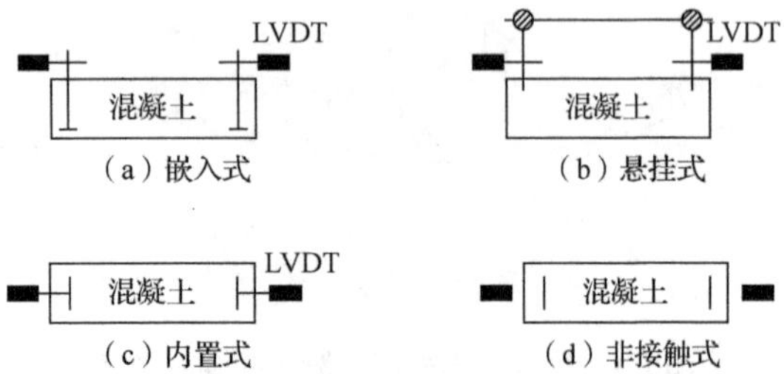

图 2.5　混凝土早龄期收缩的非标准测量方法

嵌入式测量的基本方法是在棱柱体模具中放置两根竖向金属杆，金属杆顶端与线性位移传感器相连，用杆顶端的水平位移反映混凝土收缩量的大小。该方法存在的问题是：首先，混凝土沉实和自重对杆支座产生压应力，可能引起金属杆转动而给测量带来较大误差；其次，很难评价测得的水平位移到底是整个模具长度内的轴向收缩，还是只是靠近试件上表面处的表面收缩。

悬挂式测量克服上述嵌入式测量的缺点，将金属杆通过支座和横轴挂在混凝土试件上方。由于金属杆未穿过整个试件，能够消除支座产生附加倾角的影响，但还不能完全解决混凝土沉实的影响。

内置式测量利用置于试件中部的线性位移传感器来测量收缩，避免了混凝土收缩测量时表面约束的影响，不确定之处在于安置线性位移传感器处混凝土与模板交界，浇筑混凝土时不可避免地会受到模板上孔的影响，测量结果可能包含沉实造成的膨胀，并且混凝土沉实对线性位移传感器产生竖向压力，也会给水平方向的测量带来误差。

非接触式测量采用不需接触的传感器，如利用预埋在试件中的金属反射体产生的反射脉冲来测量混凝土收缩，模具需由类似 PVC（polyvinyl chloride，聚氯乙烯）塑料等对金属放射无影响的材料组成。

（4）收缩的估算

影响混凝土收缩的因素很多，从材料方面看，水泥类型和掺量、骨料品质、水灰比、超细活性矿物掺合料的种类与掺量、外加剂等都对收缩有影响；从施工和环境的角度看，混凝土结构周围的温、湿度气象条件对收缩有很大影响，相对湿度越低收缩值越大，混凝土浇筑后采用表面覆盖层加强早龄期养护可以降低收缩值；从结构角度看，结构断面尺寸、体表比等对收缩有显著影响。因此，要想达到定量估算混凝土早龄期收缩的目的，也需要从上述几个方面综合考虑。国内外不同的技术标准和文献基于不同的研究方法和试验，对混凝土收缩提出不同的估算方法，这里介绍其中有代表性的几种。

1）欧洲规范方法。

$$\varepsilon_{\text{sh}}(t)=\varepsilon_{\text{sh0}}\beta_{\text{sh}}(t-t') \tag{2.3a}$$

式中：$\varepsilon_{\text{sh}}(t)$为龄期为$t$天时的收缩应变；$\varepsilon_{\text{sh0}}$为混凝土的名义收缩应变；$\beta_{\text{sh}}(t-t')$为混凝土的收缩发展系数；$t'$为保湿养护结束时的龄期。

$$\beta_{\text{sh}}(t-t')=\left[\frac{t-t'}{350(h_0/100)^2+t-t'}\right]^{0.5} \tag{2.3b}$$

式中：h_0为构件名义尺寸，定义为$h_0=2A/U$，A为混凝土横截面面积，U为混凝土横截面裸露的周长。

混凝土的名义收缩应变ε_{sh0}用下式估算：

$$\varepsilon_{\text{sh0}}=\varepsilon_{\text{sh}}(f_{\text{cm}})\beta_{\text{RH}} \tag{2.3c}$$

式中：$\varepsilon_{\text{sh}}(f_{\text{cm}})$为考虑混凝土强度等级对收缩的影响系数；$\beta_{\text{RH}}$为考虑环境相对湿度对收缩的影响系数。

$$\varepsilon_{\text{sh}}(f_{\text{cm}})=10^{-6}\left[160+10\beta_{\text{sc}}(9-f_{\text{cm}}/10)\right] \tag{2.3d}$$

式中：f_{cm}为混凝土圆柱体（ϕ15cm×30cm）抗压强度平均值；β_{sc}为水泥品种系数，缓硬水泥取值 4，普通或快硬水泥取值 5，快硬高强水泥取值 8。

$$\beta_{\text{RH}}=1.55\left[1-\left(\frac{\text{RH}}{100}\right)^3\right] \tag{2.3e}$$

式中：RH 为相对湿度。

式（2.3e）适用于相对湿度 40%～99%。当相对湿度大于 99%时，混凝土等于浸没在水中，发生湿胀，湿胀系数可取β_{RH}=0.25。

2）美国混凝土协会方法。

美国混凝土协会建议采用 4in×4in×11.25in（1in=2.54cm）的混凝土棱柱体试件，存放于相对湿度 40%、温度 20℃的环境中，测量其干燥收缩。基于试验研究按照两种初养方式给出推荐的估算公式：

$$\varepsilon_{\text{sh}}(t)=\frac{t}{35+t}\varepsilon_{\text{sh,u}} \quad \text{（混凝土湿养 7d）} \tag{2.4a}$$

$$\varepsilon_{\text{sh}}(t)=\frac{t}{55+t}\varepsilon_{\text{sh,u}} \quad \text{（混凝土蒸养 1～3d）} \tag{2.4b}$$

$$\varepsilon_{\mathrm{sh,u}} = 780\times10^{-6} K_{\mathrm{s}} \tag{2.4c}$$

式中：$\varepsilon_{\mathrm{sh}}(t)$为混凝土经空气干燥后持续龄期$t$天的收缩应变；$\varepsilon_{\mathrm{sh,u}}$为混凝土经空气干燥后的极限收缩应变；$t$为混凝土经湿养或蒸养之后的空气干燥持续时间；$K_{\mathrm{s}} = \beta_{\mathrm{M}}\beta_{\mathrm{H}}\beta_{\mathrm{D}}\beta_{\mathrm{S}}\beta_{\mathrm{F}}\beta_{\mathrm{C}}\beta_{\mathrm{A}}$，为影响极限收缩的 7 个因素的分项修正系数的乘积，各项修正系数所考虑的因素如下：β_{M}为湿养护龄期，β_{H}为环境相对湿度，β_{D}为构件尺寸（平均厚度或体表比），β_{S}为混凝土坍落度，β_{F}为混凝土细骨料率，β_{C}为水泥含量，β_{A}为新拌混凝土含气率，各项修正系数均有专门的表格或经验公式可用。

3）王铁梦经验公式。

王铁梦（1997）为我国裂缝控制领域的专家，在其专著中给出了经验公式。基本思想是给出标准状态下的极限收缩，非标准状态下的极限收缩用不同的系数加以修正，任意时间的收缩值由龄期发展系数来考虑。

$$\varepsilon_{\mathrm{sh}}(t) = \varepsilon_{\mathrm{sh0}}\cdot M_1\cdot M_2\cdot\cdots\cdot M_n(1-\mathrm{e}^{-bt}) \tag{2.5}$$

式中：$\varepsilon_{\mathrm{sh}}(t)$为任意龄期$t$天的收缩应变；$\varepsilon_{\mathrm{sh0}}$为标准状态下的极限收缩应变，一般取$\varepsilon_{\mathrm{sh0}} = 324\times10^{-6}$；$M_1$、$M_2$、…、$M_n$为考虑非标准状态下各种影响因素的修正系数；$b$为经验系数，一般取 0.01，养护较差时取 0.03。

2.1.4　混凝土温度变形和温度应力

（1）混凝土热膨胀系数

混凝土的温度变形可以分为两大类：一是混凝土与外界环境之间温度差异引起的变形，二是混凝土内部由于水化热产生温升、温降而造成的变形。

温度变化转换为变形的关键参数是混凝土的热膨胀系数（thermal dilation coefficient, TDC）。对成熟期混凝土的 TDC 研究较为充分，通常认为数值为 10^{-5}/℃左右。我国《混凝土结构设计规范（2015 年版）》（GB 50010—2010）中规定，当温度在 0～100℃范围内时，混凝土线膨胀系数α_{c}可采用 1×10^{-5}/℃。但是在早龄期，TDC 变化颇大，值得予以关注。根据国外研究报告，TDC 在混凝土凝固前具有较高的数值，大致为 7×10^{-5}/℃，随着龄期的延长和水泥水化作用的进行，TDC 逐渐降低，最后达到稳定值 10^{-5}/℃左右。混凝土未硬化前 TDC 较高的主要原因是新拌混凝土中含有大量的无粘结水，而水的 TDC 大致是硬化混凝土的 7 倍。

成熟期混凝土最终 TDC 主要取决于两个因素，一是骨料种类，不同岩种骨料的 TDC 差别较大，骨料体积大致占混凝土体积的 60%～70%，在混凝土的 TDC 中占主要作用；二是混凝土孔隙的含水状态，孔隙不完全饱和时 TDC 最大，可达到（1.83～2.5）$\times10^{-5}$/℃，而孔隙干燥或者完全饱和状态下的 TDC 较小。

混凝土的热膨胀系数可由各组成成分的加权平均值估算。当没有具体试验资料时候，混凝土热膨胀系数可由混凝土的持水度、水泥石和骨料 3 部分来合成：

$$\alpha_{\mathrm{t}} = 3.1 + e_{\mathrm{mc}} + 0.72 e_{\mathrm{a}} \tag{2.6}$$

式中：α_{t} 为混凝土热膨胀系数，10^{-6}/℃；3.1 为水泥石对热膨胀系数贡献的部分；e_{mc} 为混凝土持水度贡献的部分；e_{a} 为砂石骨料总体的平均热膨胀系数，有表格可查，详见文献（富文权等，2002）。

（2）混凝土的绝热升温和散热降温

混凝土绝热状态下的温度升高源于水泥水化放热。水泥水化热以及由此产生的混凝土的升温速率、幅度主要取决于水泥的品种、水泥细度和掺量。经常使用的估算混凝土绝热升温的经验公式如下：

$$T_{\mathrm{a}}(t) = \frac{CQ_{\infty}}{C_{比热}\rho}(1 - \mathrm{e}^{-at}) \tag{2.7}$$

式中：$T_{\mathrm{a}}(t)$ 为混凝土在龄期 t 天时的隔热升温幅度；C 为单位体积混凝土中的水泥质量；Q_{∞} 为水泥极限发热量；$C_{比热}$ 为混凝土的比热容；ρ 为混凝土密度；a 为考虑水泥品种和升温速率的系数。

对于上述公式，日本有个考虑相关试验资料的简化公式：

$$T_{\mathrm{a}}(t) = K(1 - \mathrm{e}^{-at}) \tag{2.8}$$

式中：K 为按照不同的水泥品种、用量及不同的浇筑温度所测得的试验常数，可由相关图表查得。

水化热导致混凝土内部温度升高，混凝土会向外界环境散发热量、降低温度，因此混凝土的实际温升 T_{r} 要低于混凝土的绝热温升 T_{a} 。混凝土温度升到峰值 $T_{\max}$ 即转为逐渐下降。混凝土散热过程随着体表比（V/S，代表混凝土内热外流的平均路程）、浇筑温度、环境温度、混凝土的热力学特性（如导温系数、表面放热系数）等变化颇大。

混凝土的最高温度由浇筑温度 T_{p} 和水化热温升 T_{r} 两部分构成：

$$T_{\max} = T_{\mathrm{p}} + T_{\mathrm{r}} \tag{2.9}$$

在浇筑温度等同于环境温度下，可按照不同的体表比建立关于混凝土温升幅度的图表，以便参考查用。在统计国内大量实测资料的基础上，可整理出各种混凝土的水化热温升幅度和混凝土最高温度列成图表，供参考使用。

混凝土内部的温度变化可以采用内埋温度传感器测量并绘制温度曲线，也可以通过有限差分法或者有限元法数值计算，只是所用混凝土热工参数、边界条件参数需要取值合适。龚召熊（1999）计算了水工大体积混凝土的温度升降曲线；作者所在学科组开发的混凝土早龄期裂缝控制软件使混凝土温升曲线的绘制和计算更加简便。

（3）混凝土的温度应力曲线

通常可以把混凝土的温度应力和温度裂缝问题归为两种情况分析。

一种是混凝土构件从最高的截面平均温度逐渐降低至环境的平均气温，温差就是降温幅度。这种温度差产生的温度应变受到外界约束时引发的拉应力是沿截面均匀分布的，由此产生的温度裂缝是贯通性的。最高截面平均温度较难取值，当混凝土截面较大时往往以截面中心的最高温度代替，虽然有些偏差，但偏于安全。环境温度就是当时的平均气温，普通混凝土构件水化热的高温大多在 7～20d 就可降至常温。普通混凝土和高强、高性能混凝土早龄期的温度曲线、温度应变曲线和约束应力曲线的对比如图 2.6 所示。

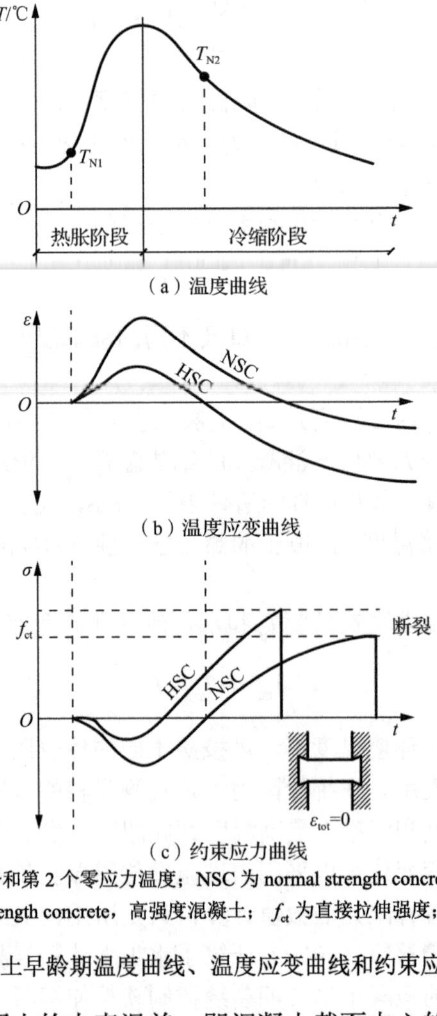

T_{N1} 和 T_{N2} 分别为第 1 个和第 2 个零应力温度；NSC 为 normal strength concrete，普通强度混凝土；HSC 为 high strength concrete，高强度混凝土；f_{ct} 为直接拉伸强度；ε_{tot} 为总应变

图 2.6　混凝土早龄期温度曲线、温度应变曲线和约束应力曲线对比

另一种情况是混凝土的内表温差，即混凝土截面中心的最高温度与混凝土表

面温度之差。这种内表温差产生的表层温度应变受到内部约束，产生不均匀的拉应力，引发的裂缝是表面性的。

对于内表温差而言，决定温度应力的不单是绝对温差，更重要的是温度梯度。同样的温差，对于薄板和厚板，板内的温度应力及温度开裂的趋势和可能性是完全不同的；即便温差和板厚相同，但温度分布不同，温度应力相差也很大。

2.1.5　混凝土徐变

（1）徐变的概念

徐变体现混凝土的黏弹性，是持续荷载作用下应变随时间增加或者持续应变作用下应力随时间松弛的现象。徐变可以分为基本徐变和干燥徐变，前者是混凝土在荷载作用下与周围环境之间无水分转移条件下的长期性能，后者是处于干燥环境中所产生的附加徐变。在混凝土早龄期变形开裂问题上，徐变是一种有利的应力松弛机制，约束拉应力作用下的拉伸徐变，会部分抵消由于约束收缩产生的拉应变，延缓构件开裂的龄期，降低开裂的可能性。混凝土拉伸徐变稍大于压缩徐变，但较难测试，经常取为等同于压缩徐变。

同收缩类似，混凝土的徐变是由水泥石徐变引起的。水泥石徐变主要受制于孔隙率，水泥石孔隙越小，混凝土徐变越小，联系到混凝土水灰比和强度之间的关系，水灰比越低或者强度越高，徐变越小。由此可以推测，中低强度混凝土的拉伸徐变对于缓解约束收缩应力有利，而在低水灰比的高强混凝土中可能作用不大，这可能是高强混凝土早龄期易于开裂的一个原因。

影响徐变的因素和影响收缩变形的因素基本相同，经常把它们放在一起讨论。混凝土材料的徐变特征曲线与收缩变形曲线非常相似，事实上，混凝土干缩过程的约束应力总是产生早龄期徐变变形。

用来解释混凝土徐变机理的理论有黏性流动理论、塑性理论、凝胶水渗出理论和微裂缝扩展理论等。黏性流动理论认为徐变发生在水泥浆体内部，持续荷载导致浆体黏性流动；塑性理论把徐变看成是由晶体流动造成的，如晶体在晶格内沿平面发生滑移；凝胶水渗出理论把水泥浆体看成刚性胶体，在荷载作用下其黏性组分和水从弹性骨架的孔隙中排出；微裂缝扩展理论是在试验基础上对混凝土徐变做出的一种新解释。一般来说，徐变现象很难用单一理论来解释，而是多种因素交叉作用的结果。很多学者在试验和理论研究的基础上认为，黏性流动理论和凝胶水渗出理论可能是混凝土徐变的主要机制。

描述混凝土徐变的 3 个重要参数是比徐变（单位徐变）、徐变系数和有效弹性模量。

比徐变是施加单位应力时混凝土材料产生的徐变应变。研究表明，混凝土从龄期 t' 天开始受拉，持续荷载作用到龄期 t 天，荷载作用时间 $t-t'$ 越长，比徐变值越大；混凝土孔隙内相对湿度越低，比徐变亦越大；加载时混凝土龄期t'越大，即强度越高，比徐变越小。

徐变系数（φ）是荷载作用期间发生的徐变应变ε_{cr}与弹性应变ε_e的比值，$\varphi=\varepsilon_{cr}/\varepsilon_e$。

混凝土在拉伸荷载作用下的拉应力为σ_t，弹性应变为ε_e，则初始弹性模量为二者之比$E_c=\dfrac{\sigma_t}{\varepsilon_e}$。如果在该持续荷载$\sigma_t$作用期间的拉伸徐变为$\varepsilon_{cr}$，则总应变为$\varepsilon_e+\varepsilon_{cr}$，对应于这种总应变（即内含徐变的应变）的弹性模量称为有效弹性模量或者持荷弹性模量E_e：

$$E_e=\frac{\sigma_t}{\varepsilon_e+\varepsilon_{cr}}=\frac{\sigma_t}{\varepsilon_e+\varphi\varepsilon_e}=\frac{E_c}{1+\varphi} \tag{2.10}$$

若在持续应力作用期间保持混凝土不变形，则徐变效应将导致拉应力降低，应力降低系数或称应力松弛系数为$1/(1+\varphi)$。当徐变系数φ约达到 1 即徐变约等于初始弹性应变时，混凝土有效弹性模量将减小到初始弹性模量的一半，应力松弛系数为 0.5，混凝土收缩约束拉应力减小一半，这表明在某些情况下徐变效应对于减小拉应力和避免开裂有非常显著的效果。表 2.3 是美国几座大坝混凝土各种骨料的初始弹性模量和有效弹性模量的测试资料。

表 2.3　大坝混凝土各种骨料的初始弹性模量和有效弹性模量的测试资料（单位：10^3MPa）

加载龄期/d	玄武岩		安山岩		砂岩		石英岩	
	E_c	E_e	E_c	E_e	E_c	E_e	E_c	E_e
2	12	5.7	9.7	3.7	19	10	9.7	4.3
7	16	7.6	14	6.9	29	13	15	6.5
28	24	12	24	12	31	18	25	12
90	28	17	30	19	36	22	29	18
365	32	21	32	24	39	25	32	21

注：混凝土试件尺寸为ϕ15cm×40cm。

（2）徐变的估算

1）欧洲规范的方法。

混凝土龄期为t天的徐变系数$\varphi(t-t')$的估算式为

$$\varphi(t-t')=\varphi_0\cdot\beta_c(t-t')\cdot\beta_E(t') \tag{2.11a}$$

式中：t'为加荷龄期；φ_0为名义徐变系数；$\beta_c(t-t')$为徐变经时发展系数；$\beta_E(t')$为混凝土t'天弹性模量与 28d 弹性模量之比。

$$\varphi_0=\varphi_{RH}\cdot\beta(f_{cm})\cdot\beta(t') \tag{2.11b}$$

式中：φ_{RH} 为考虑构件相对湿度和名义尺寸的系数；$\beta(f_{\mathrm{cm}})$ 为考虑构件平均抗压强度 f_{cm} 的系数；$\beta(t')$ 为考虑加荷龄期 t' 的影响系数。

$$\varphi_{\mathrm{RH}}=1+\frac{1-(\mathrm{RH}/100)}{0.46(h_0/100)^{1/3}} \tag{2.11c}$$

$$\beta(f_{\mathrm{cm}})=\frac{5.3}{\sqrt{f_{\mathrm{cm}}/10}} \tag{2.11d}$$

$$\beta(t')=\frac{1}{0.1+(t')^{0.2}} \tag{2.11e}$$

$$\beta_{\mathrm{c}}(t-t')=\left(\frac{t-t'}{\beta_{\mathrm{H}}+t-t'}\right)^{0.3} \tag{2.11f}$$

$$\beta_{\mathrm{H}}=\frac{150}{h_0}[1+(0.012\mathrm{RH})^{18}]+250 \quad (\beta_{\mathrm{H}}\leqslant 1500) \tag{2.11g}$$

以上经验公式是按照温度 20℃编制的，当实际温度不同而影响到混凝土的成熟度时，建议用混凝土的等效龄期代替实际龄期。

2）美国规范的方法。

$$\varphi(t-t')=\frac{(t-t')^{0.6}}{10+(t-t')^{0.6}}\varphi_{\infty} \tag{2.12a}$$

$$\varphi_{\infty}=2.35K_{\mathrm{c}} \tag{2.12b}$$

$$K_{\mathrm{c}}=\beta_{t'}\beta_{\mathrm{H}}\beta_{\mathrm{D}}\beta_{\mathrm{S}}\beta_{\mathrm{F}}\beta_{\mathrm{A}} \tag{2.12c}$$

式中：$\varphi(t-t')$ 为混凝土龄期为 t 天时的徐变系数；t' 为加荷时龄期；φ_{∞} 为混凝土的极限徐变系数；K_{c} 为各项调整系数之积；$\beta_{t'}$、β_{H}、β_{D}、β_{S}、β_{F} 和 β_{A} 分别代表加载龄期、环境相对湿度、构件尺度、混凝土坍落度、细骨料率和新拌混凝土含气率的影响，各项系数均有相关表格查用。

2.2　约束的分类及约束度

2.2.1　约束的定义与分类

在解决结构物变形引起的应力和开裂问题时，约束是一个很重要的概念。结构变形时，不同构件之间、构件内部各质点之间，都可能相互影响、相互牵制。混凝土结构的早龄期体积变形，由于钢筋、模板、基底和相邻构件等的阻碍作用，自由变形总会受到一定限制，阻碍变形的所有因素统称为约束。

按约束作用方式可以分为外部约束和内部约束。结构变形时，不同构件之间产生的约束相对于该构件而言称为外部约束，如框架结构变形受到地基基础的约束、梁的收缩变形受到柱的限制等；同一构件内部各点之间由于温度、湿度等不同或者受力状况不同而产生应变梯度，由此产生的约束称为内部约束，如深梁承受非均匀受热或非均匀收缩，大体积混凝土的内表温差变形，混凝土路面由于上表层收缩大、下表层收缩小而受到的变形限制等。

内部约束和外部约束是相对而言的，不是绝对的，在不同的条件下可以采取不同的假定。配筋构件中钢筋对混凝土收缩变形的约束按照考虑问题的出发点，既可以视为内部约束，也可以看作外部约束；混凝土中骨料对水泥石收缩的约束也是如此，从混凝土的角度看是内部约束，从水泥石的角度看则为外部约束。

外部约束按照受力形式的不同又可以分为端部约束和连续边缘约束。端部约束通过有限节点集中传递约束作用，连续边缘约束通过无限多节点分布传递约束作用。轴向一维变形构件如梁、柱及虽然双向变形但只在端部约束的板，属于端部约束；现浇路面、桥面板等板式构件，变形在整个底面上受到基底或者基础约束，属于连续边缘约束；另外很多情况属于两种约束同时存在的复合约束。

按照约束程度的不同，可以将约束分为无约束、部分约束和完全约束。无约束时，构件可以自由变形，变形不受限制，不产生应力，不存在开裂问题，但是换个角度，也可以把整个收缩变形看成是一个裂缝宽度；部分约束在有的文献中也称为弹性约束，是指物体或构件的变形不是完全自由的，而是受到其他物体或构件的约束，但是由于被约束体和约束结构都是弹性可变形的，被约束体部分变形，即不完全自由变形，这种约束在实际工程中最为常见；完全约束指被约束体的潜在变形趋势被完全限制，此时约束应力最大。

2.2.2　约束度

混凝土变形受到外部约束时的约束程度，可以用约束度（又称约束率）衡量。

以一维轴向构件收缩为例，如图 2.7 所示。设混凝土梁原长为 l，收缩变形无约束（自由变形）时，自由收缩变形为 Δl_{f}，自由收缩应变 $\varepsilon_{\mathrm{f}} = \Delta l_{\mathrm{f}} / l$；当构件收缩受到部分约束时，构件在约束状态下的实际收缩变形为 Δl_{r}，约束收缩应变 $\varepsilon_{\mathrm{r}} = \Delta l_{\mathrm{r}} / l$，自由收缩和约束收缩的差异与混凝土拉伸伸长的绝对值 Δl_{t} 相等，约束拉伸应变 $\varepsilon_{\mathrm{t}} = \varepsilon_{\mathrm{f}} - \varepsilon_{\mathrm{r}} = (\Delta l_{\mathrm{f}} - \Delta l_{\mathrm{r}}) / l = \Delta l_{\mathrm{t}} / l$；当构件收缩受到完全约束时，完全约束下的拉伸伸长与自由缩短的绝对值相等，同为 Δl_{f}，拉伸应变在数值上等同于自由收缩应变，同为 $\varepsilon_{\mathrm{f}} = \Delta l_{\mathrm{f}} / l$。

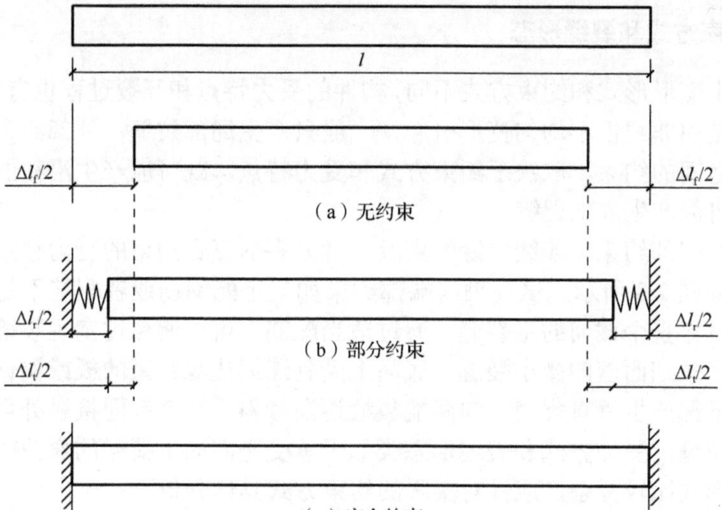

图 2.7　轴向构件的约束变形和约束度

混凝土变形的约束度 R 是约束拉伸应变相对于自由收缩应变的百分率：

$$R=\frac{\varepsilon_{\mathrm{t}}}{\varepsilon_{\mathrm{f}}}=\frac{\varepsilon_{\mathrm{f}}-\varepsilon_{\mathrm{r}}}{\varepsilon_{\mathrm{f}}} \tag{2.13a}$$

构件在约束状态下实际发生的收缩应变相对于自由收缩应变的百分率，称为该约束状态下的可变形系数η:

$$\eta=\frac{\varepsilon_{\mathrm{r}}}{\varepsilon_{\mathrm{f}}}=\frac{\varepsilon_{\mathrm{f}}-\varepsilon_{\mathrm{t}}}{\varepsilon_{\mathrm{f}}} \tag{2.13b}$$

约束度和可变形系数都是描述对变形约束程度的无量纲物理量，二者成互补关系。杆件在不受约束自由缩短的状态下，约束度为 0，可变形系数为 1；杆件两端完全约束不能缩短情况下，约束度为 1，可变形系数为 0；部分约束时 R 和 η 在 0～1 变化，$R+\eta=1$。

一般来说，混凝土变形在外部约束下约束度的大小，取决于混凝土体和约束体形状尺寸、强度、刚度上的相对关系，以及约束方式等因素，而与刚度绝对值无关。

约束拉伸应变乘以混凝土的有效弹性模量，得混凝土有效约束拉应力：

$$\sigma_{\mathrm{t}}=\varepsilon_{\mathrm{t}}E_{\mathrm{e}}=\frac{R\varepsilon_{\mathrm{f}}E_{\mathrm{c}}}{1+\varphi} \tag{2.14}$$

约束拉应力大于混凝土抗拉强度，混凝土开裂。

2.2.3　约束方式和裂缝形态

混凝土变形形式和约束方式不同，构件的受力特点和开裂过程也有很大差异。内部约束是由非线性不均匀变形引起，一般只产生局部裂缝；外部约束起因于结构、构件之间的约束，取决于约束方式和受力特点，既可能产生沿截面的贯穿性裂缝，也可能产生局部裂缝。

常见的端部约束、连续边缘约束及二者兼有的复合约束的受力特点与混凝土开裂形态如图 2.8 所示。试件轴向端部约束如果不配钢筋或者配筋不足，通常会产生一条贯穿整个截面的主裂缝，通过适当配筋，可以避免过宽主裂缝的形成，而分散为多条细而密的微小裂缝；底面上受到连续边缘约束的板或梁试件可能先在试件中下部产生垂直裂缝，向两端裂缝逐渐倾斜，端部底面接触处可能出现水平的翘曲裂缝，受力方式和裂缝形态类似于承受竖向向下荷载的弯曲梁；复合约束的开裂形式比较复杂，应针对实际的约束方式具体分析。

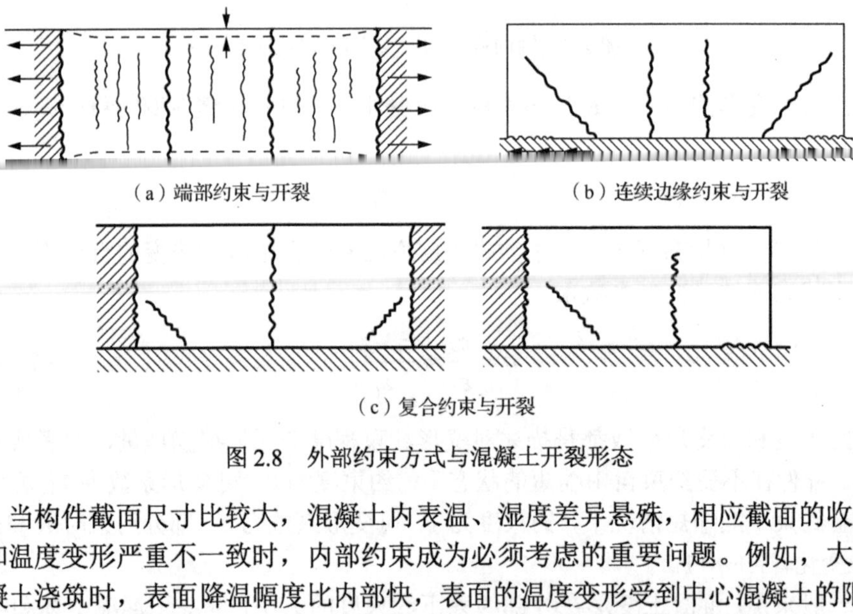

图 2.8　外部约束方式与混凝土开裂形态

当构件截面尺寸比较大，混凝土内表温、湿度差异悬殊，相应截面的收缩变形和温度变形严重不一致时，内部约束成为必须考虑的重要问题。例如，大体积混凝土浇筑时，表面降温幅度比内部快，表面的温度变形受到中心混凝土的限制，会产生表面温度裂缝，这时可采用加强早龄期养护和配置构造钢筋等办法来消除裂缝，构造钢筋的配筋原则是沿着受力的主拉应力方向，即垂直于裂缝的方向布置。

2.3　混凝土早龄期力学性能

除了变形和约束两方面因素，混凝土早龄期力学性能对变形裂缝分析是必不可少的。相对于早龄期变形和约束，对混凝土早龄期力学性能发展变化规律的研究更为充分。

混凝土早龄期力学性能的发展不但取决于龄期，还取决于水泥品种、温度和湿度等养护条件。单纯用龄期定义力学性能发展并不是最佳的选择，经常采用两个概念来考虑其他因素对强度发展的影响——水化度和成熟度，从国外研究资料来看，用这两个参数定义混凝土强度的发展比用龄期更为准确。水化度反映水泥浆体硬化过程中的结构发展，成熟度则用等效龄期来描述水化速率和程度。本节基于龄期、水化度和成熟度论述混凝土早龄期抗压强度、抗拉强度和弹性模量以及混凝土极限拉伸应变的发展规律。

2.3.1　水化度和成熟度

水化程度可以用水化度 $\alpha(t)$ 衡量。水化度有不同的定义方法，最常用的定义为已经水化的水泥量和初始拌合时水泥总量的比值，它随温度、时间的增加而增加，并且与水泥品种、颗粒细度、外加剂的种类及水灰比等有关。

$$\alpha(t)=\frac{C(t)}{C_0}\quad [0\leqslant\alpha(t)\leqslant 1] \tag{2.15}$$

水化过程中释放的热量也可以作为定义水化度的参数，时间 t 时刻的放热量 $Q(t)$ 和最终水化完成总的放热量 $Q^{\max}$ 的比值，也是水化度的概念。

$$\alpha(t)=\frac{Q(t)}{Q^{\max}}\quad [0\leqslant\alpha(t)\leqslant 1] \tag{2.16}$$

混凝土水化速率随着温度的升高而加快，因此力学性能发展受温度影响。成熟度是为了考虑温度对水化进程的影响而引入的，若是两种不同温度环境下同种混凝土的水化放热量相同，就认为它们处在相同的等效龄期 t_{e}：

$$Q^{*}(t_{\mathrm{e}})=Q_1(T_1(t))=Q_2(T_2(t)) \tag{2.17}$$

可以通过调整混凝土的实际龄期为等效龄期来考虑养护温度的影响：

$$t_{\mathrm{e}}=\sum_{i=1}^{n}\left[\Delta t_i\cdot\exp\left(13.65-\frac{4000}{273+T_i}\right)\right] \tag{2.18}$$

式中：Δt_i 为温度为 T_i 时的持续时间。

有研究者定义混凝土的成熟度为

$$M=\int_0^t (T-T_0)\mathrm{d}t \tag{2.19}$$

式中：T 为时刻 t 时的温度；T_0 为基准时间的温度。

关于成熟度的一个基本假设，是认为混凝土最终力学性能和养护温度无关，养护温度只影响水化进程而不影响最终强度，而试验表明较高养护温度会导致颗粒间粘结减弱，最终强度降低。

2.3.2 早龄期抗压强度

抗压强度是混凝土最重要的强度指标，有立方体抗压强度和轴心抗压强度，二者之间存在固定的换算关系：

$$f_{c,k}=0.83f_{cu,k}-0.35 \tag{2.20}$$

式中：$f_{c,k}$为轴心抗压强度标准值；$f_{cu,k}$为立方体抗压强度标准值。

立方体强度采用标准试件、标准养护、标准加载条件下测试，测试方法简单，应用范围广。非标准尺寸下的立方体强度可以换算成标准尺寸的强度。

混凝土抗压强度随水化度发展的公式为

$$f_c(\alpha)=f_c(1)\left(\frac{\alpha-\alpha_0}{1-\alpha_0}\right)^{3/2} \tag{2.21}$$

式中：$f_c(\alpha)$为水化度为α时的混凝土抗压强度；α_0为水化度阈值，也就是混凝土开始获得强度的水化度最小极限值，当水化度低于该值时，强度为零。

欧洲规范用式（2.22a）估算在养护温度为20℃时混凝土的抗压强度：

$$f_c(t)=\beta_c(t)\cdot f_c \tag{2.22a}$$

$$\beta_c(t)=\exp\left\{s\cdot\left[1-\left(\frac{28}{t}\right)^{1/2}\right]\right\} \tag{2.22b}$$

式中：$f_c(t)$为龄期为t天的抗压强度；f_c为28d抗压强度；$\beta_c(t)$为龄期发展系数；s为水泥品种系数，取值范围为0.2～0.38。当养护温度不是标准条件时，可用等效龄期代替公式中的实际龄期。

美国规范中根据28d强度预测任意龄期的抗压强度公式为

$$f_c(t)=\frac{t}{\alpha+\beta t}f_{c,28} \tag{2.23}$$

式中：α、β为根据水泥类型、养护方式不同而确定的常数，可以查表得到。

有学者给出混凝土抗压强度与成熟度之间的关系：

$$f_c(m)=f_c(1-e^{-\gamma m}) \tag{2.24a}$$

式中：$f_c(m)$为给定成熟度M时的抗压强度；$m=M/10000$；γ为常数。

$$M=(T-11)t+H \tag{2.24b}$$

式中：T为养护温度；t为龄期；H为因水化产生的附加平均成熟度。

2.3.3　早龄期抗拉强度

（1）不同抗拉强度之间关系

抗拉强度是决定混凝土开裂的直接指标，按照不同的测试方法，抗拉强度分为直接拉伸强度（uniaxial tensile strength，f_{ct}）、劈裂拉伸强度（splitting tensile strength，f_{sp}）和弯曲拉伸强度（flexural tensile strength，f_r）。直接拉伸强度试验测量困难，经常使用劈裂拉伸强度和弯曲拉伸强度，三者存在固定的换算关系。

直接拉伸强度低于劈裂拉伸强度，根据劈裂试验由胡克定律假定计算得到的数值会略高，劈裂试验中破坏面被限制在中心垂直面附近会使破坏面切穿粗骨料也是其强度较高的原因之一，二者可以按照下式换算：

$$f_{ct,k} = 0.9 f_{sp,k} \tag{2.25}$$

式中：$f_{ct,k}$ 为直接拉伸强度标准值；$f_{sp,k}$ 为劈裂拉伸强度标准值。

混凝土弯曲拉伸强度是根据混凝土梁的抗弯试验按照弹性分析计算出来的抗拉强度，由开裂弯矩除以截面模量得到。由于梁底部混凝土的塑性效应，梁抗弯能力明显增强，这样计算出来的弯曲拉伸强度因包含了塑性效应导入的增强因素而偏高，一般认为比直接拉伸强度大 1.4～1.7 倍。

（2）抗拉强度与抗压强度之间的关系

混凝土抗拉强度和抗压强度之间存在相关性，混凝土直接拉伸强度为其抗压强度的 1/14～1/8，其值波动较大。凡是能影响抗压强度的各种因素，如水泥活性、骨料品质、水灰比等，也都会影响抗拉强度。随着混凝土抗压强度的增高，抗拉强度与抗压强度的比值下降，这说明随着强度等级的提高，抗拉强度的增加小于抗压强度。龄期也对抗拉强度与抗压强度的比值有影响，两组抗压强度相同龄期不同的混凝土，龄期较长的抗拉强度高。

抗拉强度和抗压强度之间的关系，国内外有关技术标准、文件基于不同的试验研究和习惯经验，提供了不同的估算方法，以下列举两种。

欧洲规范给出抗拉强度随抗压强度变化的最高和最低特征值，按下式估算：

$$f_{ct,k}^{max} = 1.85(f_{c,k}/10)^{2/3} \tag{2.26a}$$

$$f_{ct,k}^{min} = 0.95(f_{c,k}/10)^{2/3} \tag{2.26b}$$

美国规范由抗压强度 f_c 和密度 ρ 估计直接拉伸强度和劈裂拉伸强度：

$$f_{ct} = 0.0069(\rho \cdot f_c)^{1/2} \tag{2.27a}$$

$$f_{sp} = 0.012(\rho \cdot f_c)^{1/2} \tag{2.27b}$$

（3）早龄期抗拉强度发展

混凝土早龄期抗拉强度随龄期、水化度、成熟度变化的试验资料比较少，抗拉强度离散性又较大，可以根据抗压强度的发展规律，类似地给出抗拉强度随着水化度的变化：

$$f_{\mathrm{ct}}(\alpha)=f_{\mathrm{ct}}(1)\left(\frac{\alpha-\alpha_0}{1-\alpha_0}\right) \tag{2.28}$$

可以认为抗压强度和抗拉强度有相同的发展规律，通过抗压强度和抗拉强度之间的关系，得到抗拉强度随龄期或者水化度的发展规律。

2.3.4 早龄期弹性模量

弹性模量是决定混凝土变形和应力发展的关键参数，取决于各个组分弹性模量的综合。由于应力-应变曲线的非线性，可分为切线弹性模量、割线弹性模量和弦线弹性模量。切线弹性模量是应力-应变曲线上任意一点切线的斜率；割线弹性模量是从原点起至 40%极限应力点连线的斜率；弦线弹性模量是应力-应变曲线上应变 50×10^{-6} 所对应的应力点至 40%极限应力点间连线的斜率。

弹性模量可以由试验确定，也可以用弹性模量和强度之间的关系估算，通常和混凝土密度相关。

英国规范的经验公式：

$$E_{\mathrm{c}}=9.1\rho\cdot f_{\mathrm{cu}}{}^{1/3} \tag{2.29}$$

欧洲规范中的普通混凝土 28d 弹性模量 $E_{\mathrm{c},28}$ 及其随龄期发展的公式：

$$E_{\mathrm{c},28}=21500(f_{\mathrm{c},28}/10)^{1/3} \tag{2.30a}$$

$$E_{\mathrm{c}}(t)=\beta_{\mathrm{E}}(t)\cdot E_{\mathrm{c},28} \tag{2.30b}$$

$$\beta_{\mathrm{E}}(t)=\sqrt{\beta_{\mathrm{c}}(t)} \tag{2.30c}$$

式中 $\beta_{\mathrm{c}}(t)$ 由式（2.22b）确定。

基于水化度的弹性模量增长估算公式为

$$E_{\mathrm{ct}}(\alpha)=E_{\mathrm{ct}}(1)\left(\frac{\alpha-\alpha_0}{1-\alpha_0}\right)^{1/2} \tag{2.31}$$

由式（2.21）、式（2.28）和式（2.31）可以看出，混凝土早龄期弹性模量随着龄期和水化度的增长速率快于抗拉强度的增长，抗拉强度的增长速率快于抗压强度的增长，其发展规律如图 2.9 所示。

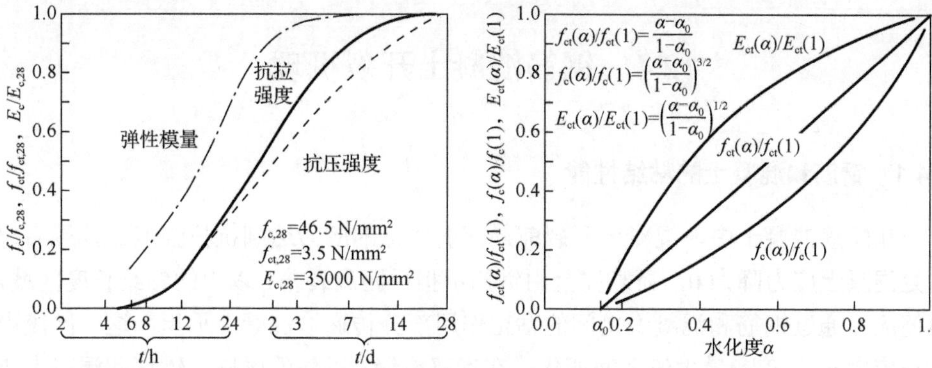

图 2.9　混凝土力学性能随龄期和水化度的发展规律

2.3.5　混凝土极限拉伸应变

混凝土极限拉伸应变是混凝土轴向受拉断裂时的应变值，是反映混凝土抗裂性能的一个重要指标。有人认为，对于混凝土变形裂缝，极限拉伸应变比抗拉强度更重要。

混凝土极限拉伸应变随龄期增加。极限拉伸应变与龄期关系的经验公式有双曲线式、修正对数式、复合指数式等，一般都是给定成熟期极限拉伸应变，乘以合适的龄期发展系数。

混凝土极限拉伸应变随着混凝土抗拉强度的增加而增长。很多学者基于试验数据给出极限拉伸应变与混凝土抗拉强度或者抗压强度的回归方程式，这些经验公式基本与各自的试验结果吻合较好，但大都不具有普遍性。

除龄期和强度外，骨料颗粒形态也是影响混凝土极限拉伸应变的重要因素，用骨料系数 K_a 表示其对混凝土极限拉伸应变 ε_{tu} 影响的经验公式：

$$\varepsilon_{tu}=K_a\frac{f_t}{E_c}=K_a\frac{0.62f_c^{\ 0.77}}{E_c} \tag{2.32}$$

对于有棱角的碎石 $K_a=1.0$，对于天然光滑卵石 $K_a=0.74$，公式中简化认为抗拉弹性模量与抗压弹性模量等同。另有试验资料表明，采用碎石和机制砂的混凝土，极限拉伸应变比卵石、河砂混凝土更强，快速加载时增加 50%，慢速加载时增加 40%～85%。

此外，极限拉伸应变受加载速率影响很大，慢速加载比快速加载时极限拉伸应变提高很多。我国长江水利委员会长江科学院对水工混凝土的研究资料表明，缓慢拉伸时极限拉伸应变可比快速加载提高 1 倍左右，采用缓慢拉伸试验得到的极限拉伸应变作为约束混凝土抗裂指标可能更合适些，因为混凝土在约束变形作用下约束应力发展相当于慢速加载。

2.4 钢筋混凝土开裂机理

2.4.1 钢筋和混凝土的粘结性能

在配筋混凝土中，混凝土开裂前最薄弱面上的应力达到抗拉强度，开裂后裂缝处混凝土应力降为 0，荷载完全由钢筋承担；距离裂缝 l_t 以内的粘结长度区域，钢筋应力通过钢筋和混凝土之间的粘结作用部分传递给混凝土承担，这一区段内粘结应力 τ_b 在 0 和最大值之间变化；在远离裂缝 l_t 以外的区域，钢筋和混凝土协同变形，粘结应力为 0。

带肋钢筋和混凝土之间粘结作用主要通过 3 种机制传递：粘结应力比较小时，主要通过粘合作用以及水泥基体、骨料和钢筋表面的咬合作用实现；荷载增大，粘合作用失效，钢筋和混凝土之间又出现两种新的粘结机制，即摩擦作用以及钢筋肋凸缘与混凝土之间的承压作用。摩擦是阻止垂直钢筋轴线方向上有压力作用的两个平行的、互相接触的表面发生相对移动的作用。钢筋肋凸缘与混凝土的承压作用是高应力下传递粘结应力的主要途径，钢筋和混凝土粘结的劈裂破坏和拔出破坏示意图如图 2.10 所示，凸缘前的承压应力可以向周边混凝土辐射，承压力可以分解为平行于钢筋轴线和垂直于钢筋轴线的分量，平行于钢筋轴线的分量数值上等于粘结应力，垂直分量使混凝土产生环向拉应力，除非有足够的约束，否则这种环向拉应力也会导致劈裂粘结失效，环向约束足够的情况下进行钢筋拉拔试验，混凝土将发生完全粘结失效破坏。

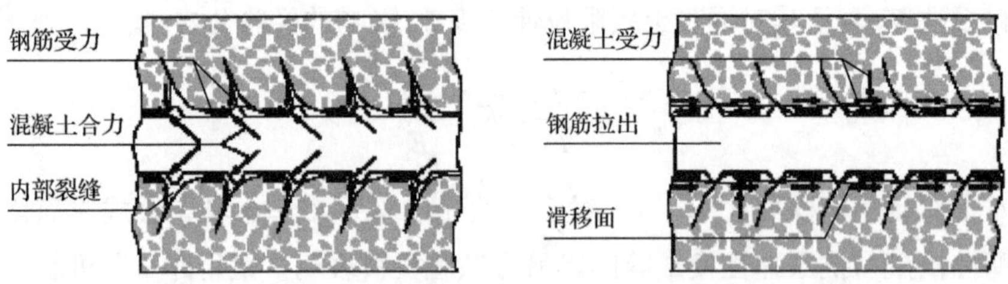

图 2.10　钢筋和混凝土粘结的劈裂破坏和拔出破坏示意图

图 2.11 是拨出试验中荷载逐渐增加过程中钢筋受力状况及钢筋和混凝土粘结应力分布示意图。当荷载较低时，最前端的凸肋首先与混凝土作用，前端肋缘附近混凝土可能局部压碎破坏，后面临近的肋缘依次和混凝土接触承压，参与分担轴向荷载；极限情况下，所有的凸肋都和混凝土相互作用，参与承担轴向荷载，这样粘结应力在整个传递区间内均匀分布。

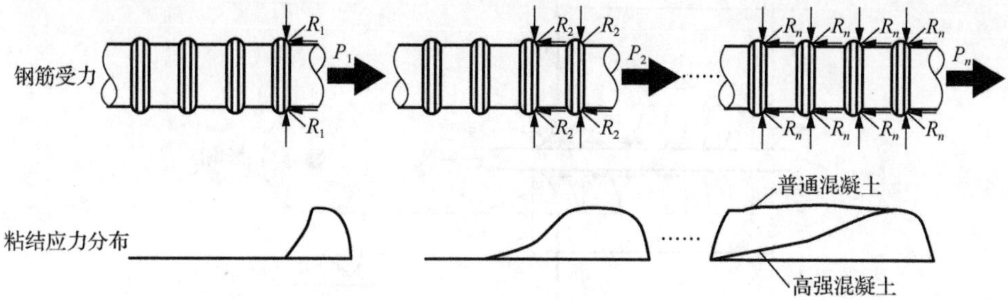

图 2.11　拔出试验中钢筋受力状况及钢筋和混凝土粘结应力分布示意图

对于普通混凝土的粘结应力，假定粘结区间内粘结应力均匀分布是合理的；对于高强混凝土，靠近荷载端的肋比远离荷载端的肋承担更多的压力，近荷载端的轴向和径向应力分量更大，这些地方混凝土先破坏，在所有凸肋参与承压前就已发生粘结破坏，粘结应力的分布不再是均匀的。

2.4.2　裂缝宽度计算理论

为了计算裂缝宽度，钢筋和混凝土之间的应力传递关系必须定量化，通常用局部粘结应力 τ_{b} 和对应的滑移量 $\varDelta$ 之间的关系表达，由钢筋在混凝土中拔出试验确定，通常采用指数形式公式：

$$\tau_{\mathrm{b}} = a \cdot \varDelta^{b} \tag{2.33}$$

式中：系数 a、b 由钢筋表面情况和混凝土强度等级确定。

通过试验研究发现，粘结应力和混凝土抗压强度成正比，得到如下公式，其适用于早龄期混凝土和钢筋的粘结：

$$\tau_{\mathrm{b}} = k \cdot f_{\mathrm{cm}} \cdot \varDelta^{b} \tag{2.34}$$

式中：k 为修正系数。

图 2.12 解释了裂缝产生时从裂缝处到粘结传递长度 l_{t} 之间的相对滑移 $\varDelta_x$、粘结应力 $\tau_{\mathrm{b},x}$、钢筋应力 $\sigma_{\mathrm{s},x}$ 和混凝土应力 $\sigma_{\mathrm{c},x}$ 分布，由微元的力平衡方程和变形协调方程可得

$$\mathrm{d}\sigma_{\mathrm{s},x} = \frac{\pi d_{\mathrm{s}}}{A_{\mathrm{s}}} \cdot \tau_{\mathrm{b},x} \cdot \mathrm{d}x = \frac{4}{d_{\mathrm{s}}} \cdot \tau_{\mathrm{b},x} \cdot \mathrm{d}x \tag{2.35}$$

$$\varDelta_x = \int_0^x (\varepsilon_{\mathrm{s},x} - \varepsilon_{\mathrm{c},x}) \mathrm{d}x \tag{2.36}$$

式中：d_{s} 为钢筋直径；A_{s} 为钢筋横截面面积。

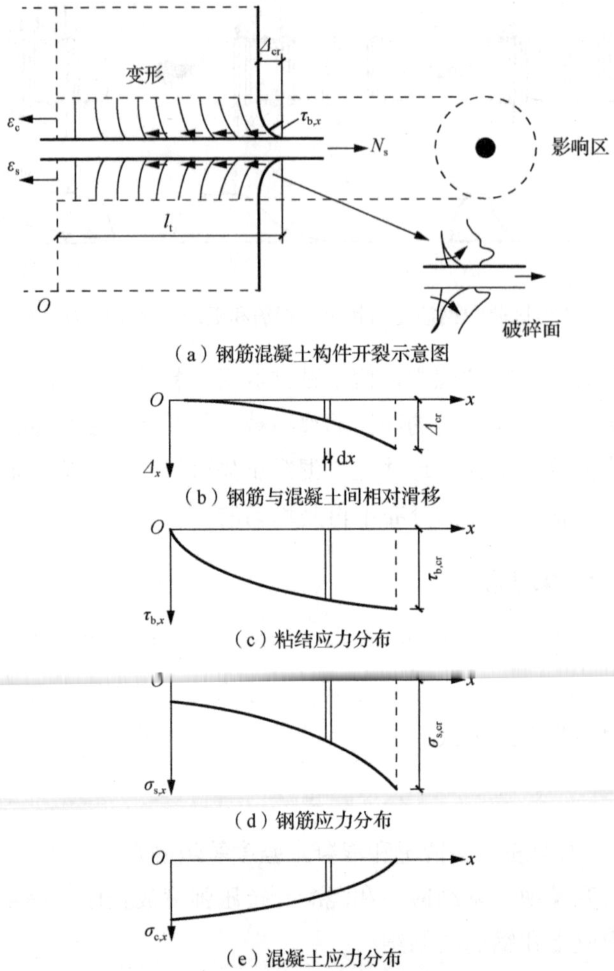

ε_s 为粘结良好区域的钢筋应变；Δ_{cr} 为裂缝处钢筋与混凝土相对滑移；N_s 为裂缝处钢筋拉力；$\tau_{b,cr}$ 为裂缝处粘结应力；$\sigma_{s,cr}$ 为裂缝处钢筋应力

图 2.12　钢筋混凝土构件开裂后应力分布

利用指数关系粘结滑移关系式（2.33）和式（2.36）计算裂缝平均宽度：

$$w_{cr} = 2\Delta_{cr} = 2\left(\frac{1+b}{8}\cdot\frac{d_s}{a\cdot E_s}\cdot\frac{\sigma_{s,cr}^2}{1+n\omega}\right)^{\frac{1}{1+b}} \tag{2.37}$$

当裂缝充分发展时，裂缝间距为$l_t \sim 2l_t$，平均裂缝间距为$1.5l_t$。在约束变形作用下，裂缝模式为不充分发展，裂缝间距通常大于$2l_t$。裂缝的发生和发展依赖多方面的因素，裂缝宽度将随着配筋率的增加、钢筋直径的降低、钢筋和混凝土之间粘结作用的增强而降低。

第 3 章　配筋混凝土早龄期约束收缩试验

3.1　混凝土约束收缩试验方法评析

关于混凝土早龄期收缩和变形的试验研究大都局限于无约束的自由变形，仅靠自由变形试验研究不足以对混凝土变形致裂机理和开裂趋势做出恰当的分析。国内外规范中没有专门针对混凝土早龄期约束收缩的标准化试验方法，不同研究者采用不同的方法和特定的试验条件，没有一个能对积累的大多数研究资料进行分析的共通尺度。

国内外学者关于混凝土早龄期开裂的约束收缩试验主要有 3 种方法，即环形约束收缩试验、轴向约束收缩试验、板式约束收缩试验。其试验方法、原理、结果评价和适用性如下。

3.1.1　环形约束收缩试验

环形约束收缩试验是近年来混凝土约束收缩研究的一个热点，在约束钢环外浇筑混凝土薄环，混凝土环的收缩受到内部钢环的限制，产生环向拉应力开裂。利用弹性力学理论分析混凝土薄环在约束收缩下的应力状态如下：

$$\sigma_\theta = (r_e^2 / r^2 + 1)p / (r_e^2 / r_i^2 - 1) \tag{3.1a}$$

$$\sigma_r = -(r_e^2 / r^2 - 1)p / (r_e^2 / r_i^2 - 1) \tag{3.1b}$$

$$p = E\varepsilon_{sh} / [(r_e^2 + r_i^2) / (r_e^2 - r_i^2) + \gamma] \tag{3.1c}$$

式中：σ_θ、σ_r分别为坐标(r, θ)处混凝土环的环向应力和径向应力；r_e、r_i分别为混凝土环的外径和内径；p 为混凝土收缩对约束钢环产生的压应力；ε_{sh}、E、γ 分别为混凝土收缩应变、弹性模量和泊松比。

环形约束试件通常做成如图 3.1 所示尺寸，由于混凝土环很薄，由式（3.1），约束收缩时混凝土薄环内外表面环向拉应力相差不到 10%，可以近似认为环向应力沿径向是均匀分布的；混凝土环的最大径向应力为环向应力的 20%左右，可忽略不计；试件和荷载环向对称，应力状态和角度坐标无关；忽略高度方向边界条件和重力的影响，认为应力分布沿高度不变，并且高度方向不受力。综合以上结论，近似认为混凝土薄环在约束收缩时处于环向均匀拉应力状态，当环向拉应力超过混凝土抗拉强度时就会开裂。

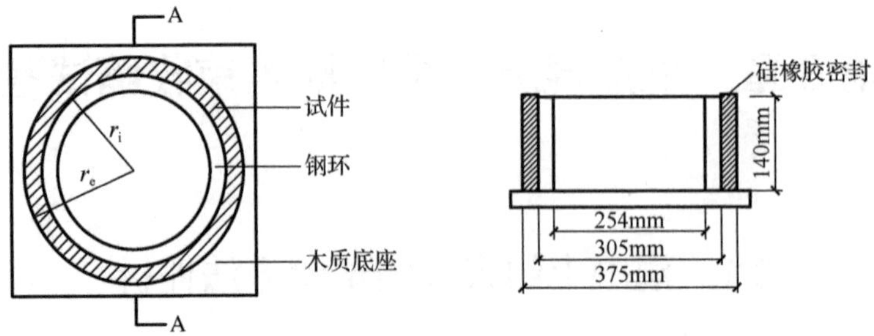

（a）平面图　　（b）A—A截面图

图 3.1　混凝土环形约束收缩试验示意图

若把内部约束钢环去掉，环型试件也可以用来模拟混凝土自由收缩，有研究者通过试验证明了环型自由收缩和普通的轴向自由收缩在本质上是一致的，这也说明用环型试件代替轴向试件进行自由收缩和约束收缩试验的方案是可行的。

混凝土环在木质底板上竖向同心浇筑，环上表面用硅胶树脂密封，以保证干燥收缩只在环的外表面发生。对于一般约束收缩试验，浇筑 1d 后拆模，试件标准养护 4d 后暴露于 20℃、相对湿度 40%干燥环境中（国内外对干燥环境的定义不同，国外干燥收缩试验一般相对湿度 40%，国内则建议相对湿度 60%），观察开裂的龄期、裂缝宽度、数量及随龄期的发展变化。若是研究早龄期约束收缩，可以在试件浇筑后 12h 拆模，然后立即置于干燥环境中开始测量。

混凝土环是否开裂及裂缝宽度一般用显微镜观测，采用 100 倍显微镜，最小分辨率 2.5μm。为提高测量精度，可采用全息照相技术观测初始开裂龄期，当前后两次全息图像上试件边缘出现突变时，认为环型试件断裂，而用显微镜由于最小分辨的限制可能并未观测到裂缝出现。约束应力通过在约束钢环上贴应变片测量。

近年来环形约束试验受到越来越多的关注，主要用于新拌合硬化混凝土材料的收缩开裂敏感性研究，大量文献集中在材料、配合比、矿物掺合料、纤维、外加剂、养护条件等因素的变化对收缩开裂影响敏感性进行研究。

环形约束试验主要优点：①试验装置简单易行，操作方便；②钢环可以对混凝土提供足够约束，约束应力均匀，克服了轴向试件端部约束施加困难、易偏心等缺点；③试件轴对称，环向均匀拉伸，约束应力可用钢环压应变衡量；④试件尺寸、边界情况对试验结果影响不大，易于推广及标准化，便于对试验结果分析和比较。

环形约束试验不足之处：①物理意义不直观，混凝土受力状态与实际工况不符；②约束程度不明确，约束度难以计算；③内表面与钢材相接触成为密闭状态，收缩表里不均匀；④只能用于素混凝土，无法用于配筋构件；⑤只能得到开裂龄期和裂缝宽度等有限信息。

3.1.2 轴向约束收缩试验

当试件长度远大于横截面尺寸时，认为试件只发生轴向收缩，轴向收缩受到限制时，内部产生沿横截面均匀分布的拉应力，试件越细长，轴向约束越容易实现，裂缝开展越充分，试验效果越好。轴向约束收缩试验一般辅以同尺寸的自由收缩试验做对比。

根据约束方式，轴向约束收缩试验可分两种：一种是只在试件端部施加约束，端部约束可以是主动控制的，也可以是被动施加的；另外一种是钢筋内部连续约束，通过钢筋表面和混凝土接触面的摩擦和咬合，限制混凝土的收缩变形。

（1）端部约束收缩试验

轴向端部约束收缩试验装置的发展，经历了早龄期的被动刚性约束框架，到后来的计算机控制下的电液伺服系统或者步进电机主动加载试验装置的演化。轴向主动控制约束试验装置最早由德国慕尼黑工业大学研制成功，取名温度应力试验机（thermal stress test machine，TSTM），用于混凝土温度变形和温度应力的研究；后来以色列工业学院（Kovler, 1994）和美国伊利诺伊大学（Altoubat et al., 2001b）的学者不断对该试验装置进行改进，相继研制出类似的约束变形试验装置，并采用此类试验装置进行了素混凝土试件的早龄期约束收缩试验研究。

色列工业学院试验装置如图 3.2 所示，试件有效长度 1000mm，截面尺寸按不同需要可以做成 40mm×40mm、50mm×50mm、75mm×75mm 等，为方便约束荷载施加，试件端部通常做成局部大头，一端固定在框架上，另一端安装在滑道上可以移动，移动端连接高精度拉力传感器和位移传感器，实时测量变形和约束应力的变化并及时调整荷载，保证达到试验设定的约束度，多数情况要求实现约束度为 1 的完全约束。加载的原理是通过换向装置把电机的转动转换成轴向平动荷载，整个系统的测量、控制、数据采集等都由计算机自动实现。所有部件必须精确制作安装，保证系统线性不偏心、无附加摩擦力和扭转效应，模板和框架之间、试件和模板之间以及滑道上都要采取合适的减小摩擦的措施，以免摩擦力阻碍混凝土的收缩变形。

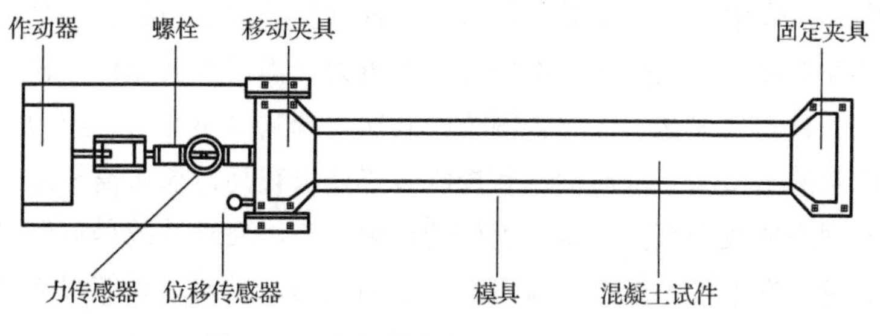

图 3.2 混凝土轴向约束收缩试验装置

美国伊利诺伊大学的试验装置，试件横截面尺寸 76mm×76mm，有效长度 1000mm，荷载传感器的量程为 20kN，在试验前预先设定收缩阈值 5μm，每当收缩变形达到该阈值时，系统将会自动启动加载系统，使试件的可移动端重新回到初始位置，通过这样的控制，可以把收缩变形、徐变变形、弹性变形从总变形中区分开来，使进一步的开裂机理分析更为方便。

荷兰代尔夫特理工大学采用自行研制的类似的约束试验系统进行了配筋混凝土构件的早龄期温度应力和开裂的研究，试验研究为期 2a，试验装置如图 3.3 所示，试验系统由加载部分、控制部分、测量和数据采集部分、试验框架和夹具等组成，每组试件的试验时间为 1 周左右。由于混凝土早龄期变形值很小，试验要求系统位移控制的精度能达到 1μm，这对传感器和控制系统硬件要求很高，因此造价昂贵，在一定程度上限制了该试验系统的普及。

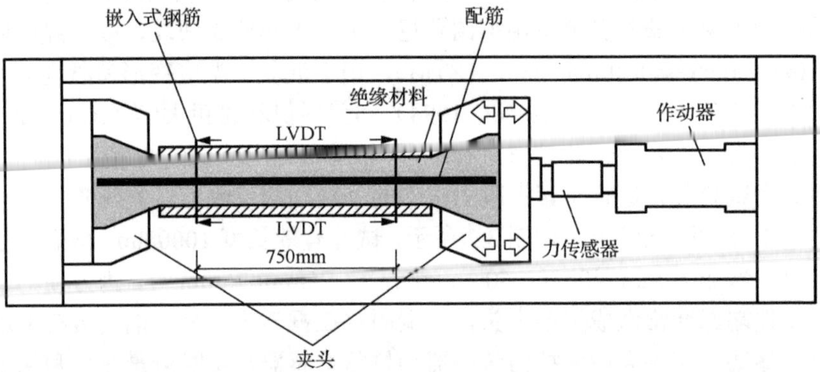

图 3.3 代尔夫特理工大学混凝土温度应力试验装置

轴向端部约束收缩试验既可以用于素混凝土试件，也可以用于配筋混凝土构件，既可以用于约束收缩变形，也可以用于约束温度变形，约束程度和加载方式可以按研究需要设定，试验可控程度高，试验结果基本不受试件尺寸影响。不足之处在于实际操作中有一定困难，首先，这种试验类似于混凝土直接拉伸试验，难点是在试件端部施加充分的、不偏心的约束力，当试件截面尺寸较大、相应约束力也较大的时候实现这一点比较困难；其次，观测微小变形、应力和裂缝并能及时反馈调整的高精度要求对测试和控制装置要求较高，通常需要采用计算机控制下的电液伺服加载系统；再次，就好的约束而言，要求系统尽可能坚固，而为了精确地测量试件中较小的约束拉应力和收缩变形，又要求系统很灵敏，很多时候这些要求难以兼顾。

（2）钢筋内约束收缩试验

钢筋内约束收缩试验用来模拟钢筋对混凝土收缩的限制，属于不完全连续约束，钢筋表面状况以及钢筋和混凝土之间的粘结是决定这种约束效果的主要因素。这种构件受力与实际结构相近，主要用于研究不同配筋率、钢筋直径、钢筋表面形状、粘结长度等对混凝土收缩限制的影响，可以据此得到配筋率与约束度之间的关系。在钢筋上贴应变片可间接得到约束应力，约束变形用千分表或线性位移传感器测量，试验方法简单，不需要特别的加载设备和控制系统。但是约束度在试验前无法判定，约束程度可控性不强，并且通过钢筋上贴应变片确定约束应力的方法会受到钢筋与混凝土之间粘结滑移的影响而不准确。

对钢筋约束收缩试验日本学者所做研究较多，日本混凝土协会自收缩研究委员会为此专门提出一个试验方案：采用一根直径 32mm 的变形钢筋作为约束物埋在长 1.5m、横截面尺寸 100mm×100mm 的混凝土试件中，在试件中间区段 300mm 内的钢筋上贴应变片测量收缩应力。有学者认为，该方案规定的试件长度太长，试件端部的锚固有足够的盈余，可以适当减小试件长度以提高可操作性。

3.1.3　双向板式约束收缩试验

环形约束和轴向约束都是单向约束。工程中对早龄期收缩变形开裂敏感的通常是一些板式构件，如混凝土楼板、屋面、桥面板、路面和工业厂房地面等，这些构件都是双向收缩的，为探究这些构件的早龄期收缩开裂情况，需要进行板式构件的约束收缩试验。板式双向约束既可以只是在板四周用铆钉约束（板端约束），也可以在板端和板底同时约束；既可以应用于素混凝土收缩开裂研究，也可以应用于配筋混凝土收缩开裂研究。

典型素混凝土板式约束试验采用 600mm×600mm×63mm 尺寸试件，板每边用 14 个 ϕ10mm×100mm 的螺纹钢柱进行端部约束，如果只是模拟板端约束，板底需铺塑料垫层以减小摩擦首先将试件浇筑后置于标准养护室并用薄膜覆盖养护以防失水，24h 后拆模，然后置于干燥环境中，观测初始开裂的龄期、裂缝长度和平均宽度，每条裂缝的平均宽度乘裂缝长度得出加权平均值，一块板上所有裂缝的加权平均值之和称为总加权平均值，用于衡量板开裂的可能性。

板式约束收缩试验影响因素多，试验结果对试件尺寸、材料特性、环境状况等因素的依赖性大，并且存在约束程度不可预见、定量分析困难等问题。

3.1.4　总结与分析

目前关于混凝土早龄期约束收缩的试验研究，在可查文献资料中，采用环型约束和板式约束的试验研究较多，而采用轴向约束的试验研究较少，特别是配筋轴向约束的试验研究更少，国内外在这方面的研究资料尚不完备。

环形约束和板式约束属于被动约束，试验方法简单，多用于开裂敏感性的定性分析而非定量研究。它们都存在约束程度不直观、理论分析困难的问题。环型约束试验测试变形、应力困难，无法应用于配筋构件。双向板式约束试验虽然可以用于配筋构件，但影响试验结果的因素多，若采用单向配筋则能简化约束条件。

轴向端部约束试验是用于混凝土早龄期抗裂性能评价的理想试验手段，既可以用于收缩应力和收缩裂缝的研究，也可以用于温度应力和温度裂缝的研究；既可以用于素混凝土试件的研究，也可以用于配筋构件的研究；力学概念和物理意义清晰明确，约束程度可控可调，可以实现约束度为100%的完全约束。但对试验设备要求较高，测试系统和控制系统需有较高的精度和自动化水平。

3.2 刚性框架约束收缩试验系统设计

3.2.1 试验系统总体要求

针对轴向配筋试件，借鉴国外的温度应力试验机，设计专门的刚性框架端部约束收缩试验系统，对早龄期收缩和变形开裂机理进行研究。

约束可以通过两种方式实现：一种是主动控制的电液伺服试验机，这种方式控制精确，约束加载模式可以自主设定，可以实现完全约束，但造价较高，控制系统复杂；另一种是通过刚性较大的框架来约束混凝土的变形，由于框架总是有变形的，只能实现部分约束，当框架刚度比试件的刚度大很多时，可近似看作完全约束。本书试验采用刚性框架约束方案。

试验系统设计需要考虑很多因素，这里介绍以下几点。

（1）试件几何尺寸

对试件尺寸的选择必须做到使试件几何尺寸和材料对收缩的影响最小，同时兼顾截面配筋率的要求以及框架和试件刚度的比值问题。

（2）约束框架刚度

提供稳定有效的约束，是试验系统设计的关键，其决定了试件中的收缩应力和徐变松弛。对约束框架的刚性要求较高，会造成框架尺寸过大。解决的办法：一是通过采用小截面尺寸试件；二是加强试件与约束端的连接，防止产生额外的松弛和滑移。

（3）测量精度

混凝土早龄期收缩变形很小，1m 长的试件变形总量估计只有 200～800μm，对变形的测量精度要求高，线性位移传感器的测量精度应能达到 1～2μm，至少能够达到 5μm。

（4）夹具问题

混凝土试件端部夹具的制造加工，以及试件安装时夹具的预紧，既要保证足够的刚度，又不能太重而导致摩擦力过大。

（5）摩擦问题

试件水平放置，试件包括夹具和连接件，其与底座支撑平台的摩擦是约束变形试验中必须考虑的关键因素，要尽可能减小摩擦对收缩变形的影响。

（6）试验系统布置

试验系统布置应该尽量满足混凝土早龄期性能的测试要求，最好能够做到在约束框架上直接浇筑混凝土，这样浇筑后几个小时就可以开始测试，而不会对构件造成过大扰动。

（7）数据采集系统

数据采集系统须实时、自动记录系统的荷载、变形、应变、温度和湿度等多源、多物理量随龄期的发展变化数据。

综合考虑上述问题并参考已有研究成果，试件尺寸定为截面 100mm×100mm，有效长度 1000mm，试件端部做成渐变大头以便于约束夹具连接，试件的一端通过夹具固定在刚性框架上，另一端连接高精度拉力传感器再由夹具连接到约束框架上，试件约束应力的变化通过拉力传感器测量，在试件内部配置的钢筋上贴应变片测量钢筋应力和变形，混凝土收缩变形由高精度位移传感器测量，混凝土试件内预埋温湿度传感器监测早龄期温度和相对湿度变化。

3.2.2　约束框架设计

混凝土约束收缩试验约束刚性框架的平面装配图如图 3.4 所示。框架主体两根纵向约束杆和横梁采用 Q235 工字钢 25b，高强螺栓连接，局部焊接加强肋板，以增大刚度。图 3.4 中①、②、③、⑤和⑥为组合式夹具，由 Q235 厚钢板切削而成。④为侧向模板，采用 100mm×63mm×6mm 的不等边角钢，通过螺栓固定在底部托板⑦上，托板兼做底部模板，高度可调，防止偏心和倾斜。整个框架四角用支柱支起，支柱高度 1m。图中未注明钢材全部采用 Q235 型。连接螺栓采用精致

A 级、强度 8.8 级的高强螺栓，直径 12mm，螺栓孔 12.5mm，螺栓孔处经磨砂处理。焊接部分焊缝高度 6mm，满焊。

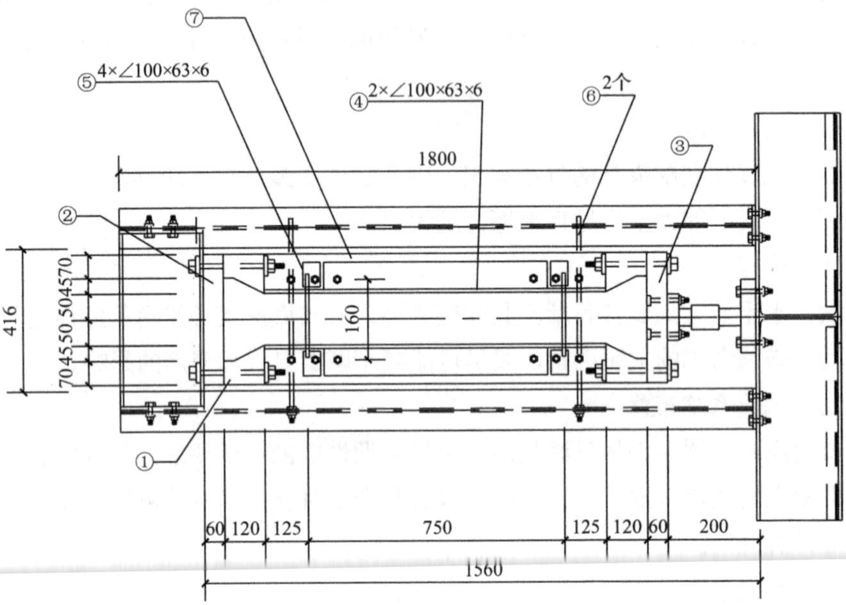

图 3.4　约束刚性框架的平面装配图

框架刚度是约束试验中须考虑的首要问题。若约束框架截面过大，会有制作、运输、安装等一系列问题，也不经济；若框架截面太小而结构大，则约束混凝土收缩变形效果不明显。框架设计须综合考虑框架刚度、约束度、经济性，以及制作、安装、试件浇筑、早龄期拆模和测量等因素。

框架变形包括纵向杆的轴向变形、横梁弯曲变形和连接螺栓变形 3 部分。框架轴向总刚度 k_s 由纵杆轴向刚度 k_{s1}、横梁弯曲刚度 k_{s2} 和连接螺栓刚度 k_{s3} 决定，这 3 部分组成串连系统，系统总刚度为

$$\frac{1}{k_s}=\frac{1}{k_{s1}}+\frac{1}{k_{s2}}+\frac{1}{k_{s3}} \tag{3.2}$$

k_{s1} 决定于纵向工字钢拉伸刚度，由纵向约束杆 Q235 工字钢 25b 的长度 l_s、弹性模量 E_s 和横截面面积 A_s 确定：

$$k_{s1}=E_s\cdot\frac{A_s}{l_s} \tag{3.3}$$

k_{s2} 按照横梁受集中荷载作用计算，横梁长度为 l'，则弯曲刚度为

$$k_{s2}=48E_s\cdot\frac{I_y}{l'^3} \tag{3.4}$$

式中：I_y 为横梁截面惯性矩。

横梁长度很小，并且横梁工字钢上焊接加强肋以达到增加刚度减小弯曲变形的目的，因此 k_{s2} 数值一般很大，同纵杆轴向变形相比，弯曲变形可忽略不计，在框架整体刚度中不予考虑。

高强螺栓预紧后一般认为是不变形的，k_{s3} 对整体刚度的影响也可忽略。

当混凝土试件截面尺寸为 100mm×100mm、混凝土强度等级为 C30 时，约束框架和混凝土试件的轴向刚度比为

$$K=\frac{k_{s1}}{k_c}=\frac{E_sA_s}{E_cA_c}\frac{L_c}{L_s}\approx 6.8\times\frac{A_s}{A_c}\approx 7.2 \tag{3.5}$$

式中：k_c 为混凝土试件的轴向刚度；E_s 为钢筋弹性模量；E_c 为混凝土弹性模量；A_s 为约束框架横截面面积；A_c 为混凝土试件横截面面积；L_c 为混凝土试件长度；L_s 为约束框架长度。

钢架和混凝土组成自平衡系统，由力平衡和变形协调有

$$N_s=N_c \tag{3.6}$$

$$\varepsilon_f=\varepsilon_c+\varepsilon_s=\frac{N_c}{k_c}+\frac{N_s}{k_s}=\varepsilon_c\left(1+\frac{1}{K}\right) \tag{3.7}$$

式中：N_s 为钢框架轴向受压荷载；N_c 为混凝土试件受拉荷载；ε_f 为混凝土自由收缩应变；ε_s 为钢筋受压应变，也就是混凝土约束状态下的实际收缩应变 ε_r；ε_c 为混凝土试件受拉应变。

按照约束度概念：

$$R=\frac{\varepsilon_f-\varepsilon_r}{\varepsilon_f}=\frac{\varepsilon_f-\varepsilon_s}{\varepsilon_f}=\frac{\varepsilon_c}{\varepsilon_f}=\frac{K}{1+K} \tag{3.8}$$

把式（3.5）代入式（3.8），约束框架对于 C30 普通混凝土成熟期而言，约束度可达到 90%左右；对于 C60 高强混凝土，代入材料参数和框架参数，约束度可达到 85%左右。早龄期由于试件强度和弹性模量较小，约束度会更大。

3.2.3　多源、多物理量数据采集系统

在试验过程中，需要对混凝土早龄期约束收缩过程中的基本物理量（如荷载、

位移、应变、温度、湿度等）进行长期、动态、自动监测，传统的数据采集仪器和设备难以满足试验要求。传统方法对于不同物理量采用不同的监测系统，在多源、多物理量数据采集时会造成仪器设备的重复消耗。

利用新型传感器技术，自行设计土木工程通用的多源、多物理量数据采集系统，如图 3.5 所示。该系统可以采集处理电压信号、数字信号、电阻信号等，改变了传统手工或者单机测试数据可信度差、监测效率低、稳定性和兼容性不好等缺点，为土木工程领域多源、多物理量信号的长期、高效、稳定监测提供了新方法。

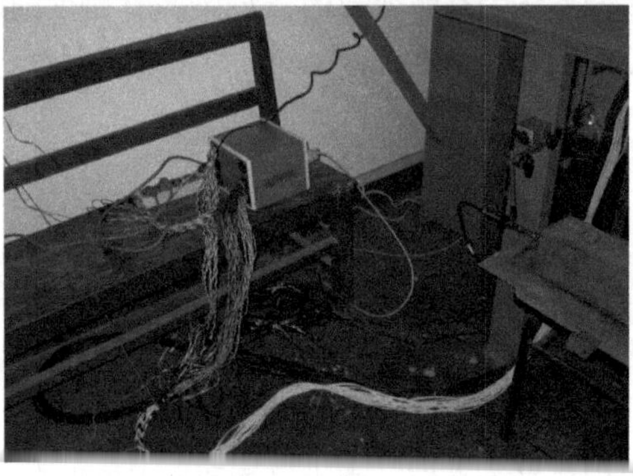

图 3.5　自行设计的多源、多物理量数据采集系统

多源、多物理量数据采集系统的设计目标和相关的技术参数如表 3.1 所示。荷载传感器采用高精度柱式 100kN 的力传感器；线性位移传感器 LVDT 采用高精度 DA-2 型，量程为±2mm；温湿度传感器采用数字式温湿度一体的 SHT71 型；应变片采用 BHF120-3Aaxx 型，高精度温度自补偿，标准电阻值 120Ω，灵敏系数 2.06～2.12。

表 3.1　多源、多物理量数据采集系统设计目标与技术参数

传感器类型	通道数	量程	系统精度	输出信号	供电电源
力传感器	6	−100～100kN	0.05%	−5～5V（DC）	9V（DC）
LVDT1	6	−2～2mm	0.1%	−5～5V（DC）	9V（DC）
LVDT2	1	−35～35mm	0.1%	−5～5V（DC）	9V（DC）
LVDT3	1	−50～50mm	0.1%	−5～5V（DC）	9V（DC）
温度传感器	8	−40～100℃	±0.5℃	数字输出	
湿度传感器	8	0～100%	±2%	数字输出	
应变片	13	标准电阻值 120Ω，灵敏系数 2.08			

注：DC 为直流电。

从表 3.1 可以看出，需要测量的物理量多、类型不一，根据传感器输出信号将传感器划分为 3 类：电压式传感器（包括荷载传感器和线性位移传感器）、温湿度数字式传感器、应变片的电阻式传感器。温湿度传感器输出信号是数字式的，采集系统需要提供数字化接口以及数字信号和实际物理值的对应关系；电压式传感器的输出信号为模拟信号，需要经过信号放大和模数转换，采用 16 位数模和模数转换器实现；电阻式传感器电阻应变片阻值变化较小，为提高测量精度，采用电桥结构测量，用集成芯片对电桥电压差动放大。

要求采集系统自动化，需要同时具有采集、存储和分析等功能，系统设计采用下位机和上位机相结合的方式。上位机用普通计算机，用于采集软件的调度和管理、人机交互、数据存储和数据分析；下位机采用单片机系统，用于采集传感器模拟信号并进行模数转换，接收和执行上位机命令。上位机和下位机之间按照约定协议通过串口进行通信、传递命令和允许状态，下位机软件流程和硬件结构图如图 3.6 和图 3.7 所示。

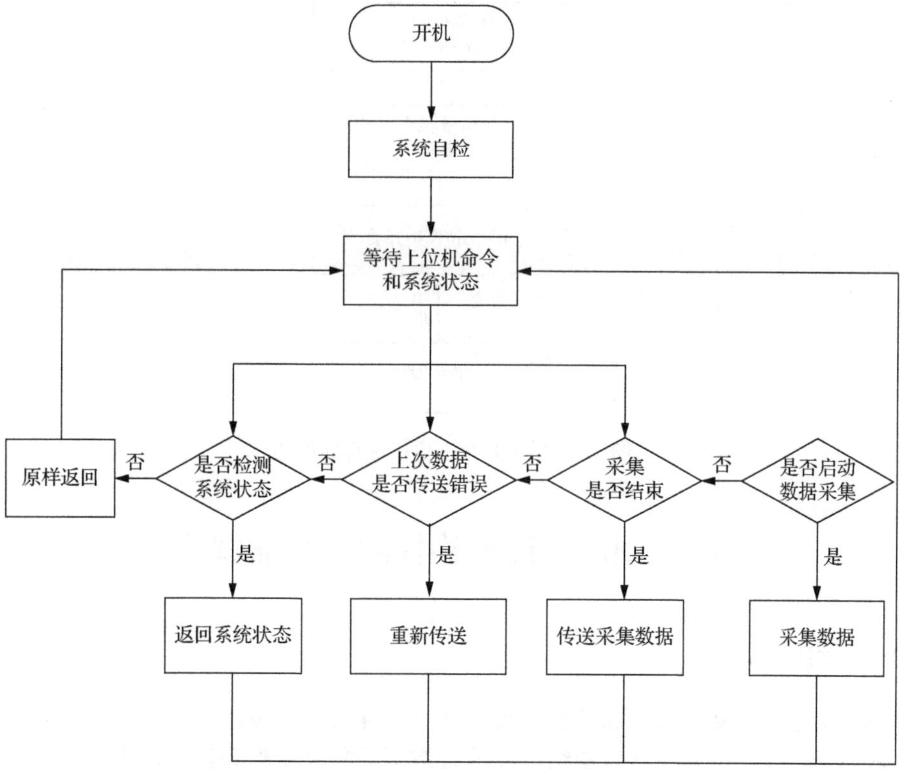

图 3.6　采集系统下位机软件流程图

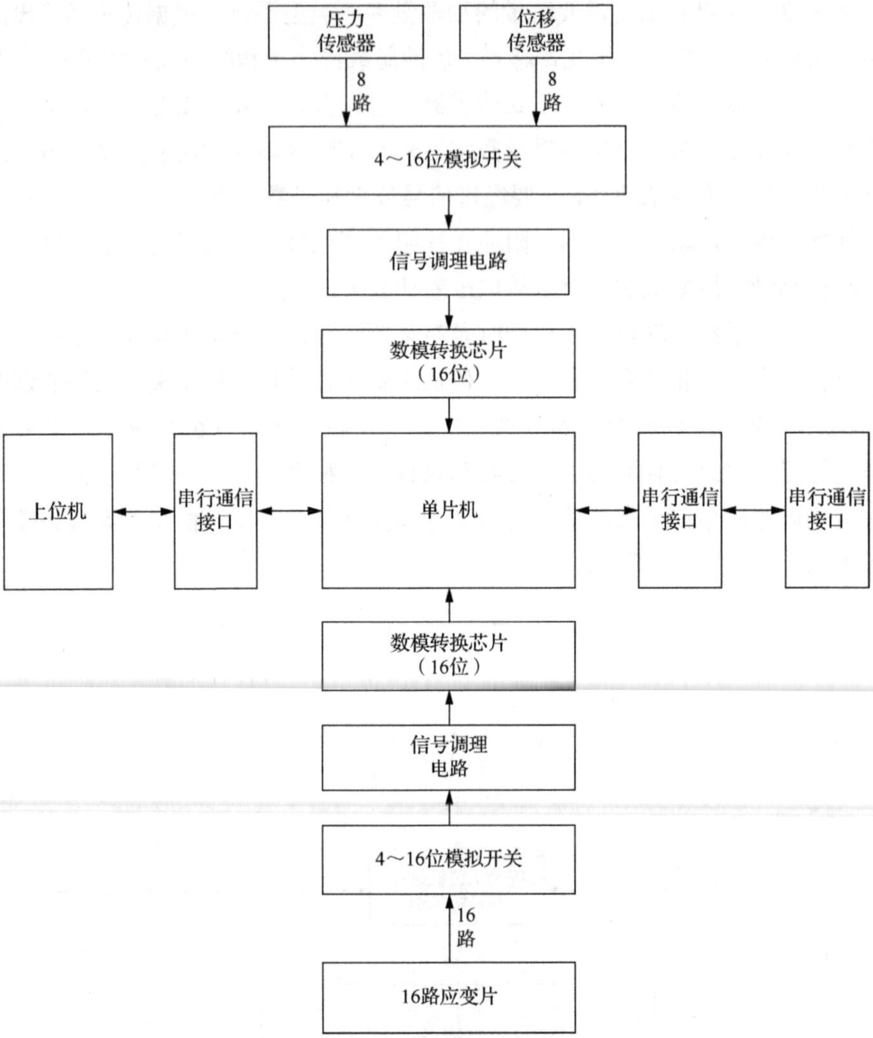

图 3.7　采集系统下位机硬件结构图

3.3　混凝土配筋构件约束收缩试验

3.3.1　试验设计

利用刚性框架约束收缩试验系统进行不同混凝土等级的配筋构件在不同配筋率及不同配筋方式下，早龄期约束收缩状态下的收缩变形和约束应力随龄期发展变化规律的试验研究。测试配筋构件早龄期约束收缩变形过程中约束荷载、钢筋应力、混凝土应力等随龄期的发展变化规律，以及配筋量与配筋方式对早龄期收缩变形和开裂的影响等。同时进行了混凝土早龄期强度、弹性模量、干燥收缩、自收缩和温湿度等材料物理力学性能随龄期发展变化的试验研究，给出钢筋影响混凝土早龄期收缩变形、约束应力、裂缝发生和发展的规律。

约束以两种方式实现，一是刚性框架对试件的端部约束，二是试件的配筋可以看作对变形的内部连续约束。配筋构件采用的混凝土强度等级为普通混凝土 C30 和高强混凝土 C60，配筋率分别为 0%、1.13%、2.01%、4.52%，配筋方式分别为一根钢筋集中式布置和多根钢筋分散式布置，试验环境条件为干燥收缩和密封自收缩。

为对比和分析，在配筋构件约束收缩试验同时，分别进行素混凝土试件自由收缩和配筋混凝土构件在无部端约束情况下的收缩试验，两个对比的自由收缩试验有效试件尺寸与约束收缩相同，均为 100mm×100mm×1000mm，每个试件两端安置高精度位移传感器测量收缩变形。所有的配筋构件都在钢筋上贴应变片测量收缩过程中钢筋变形和应力。混凝土内部温湿度变化用温湿度传感器测量。约束框架上混凝土构件约束荷载由力传感器测量。

每组试验包含 3 个收缩变形试件，1 个在约束框架上进行，另外 2 个分别是配筋构件和素混凝土试件的自由收缩试件，试验方案如图 3.8 所示，图中传感器包括线性位移传感器 LVDT1～LVDT4、荷载传感器、应变片 1～10、温湿度传感器 1～5。

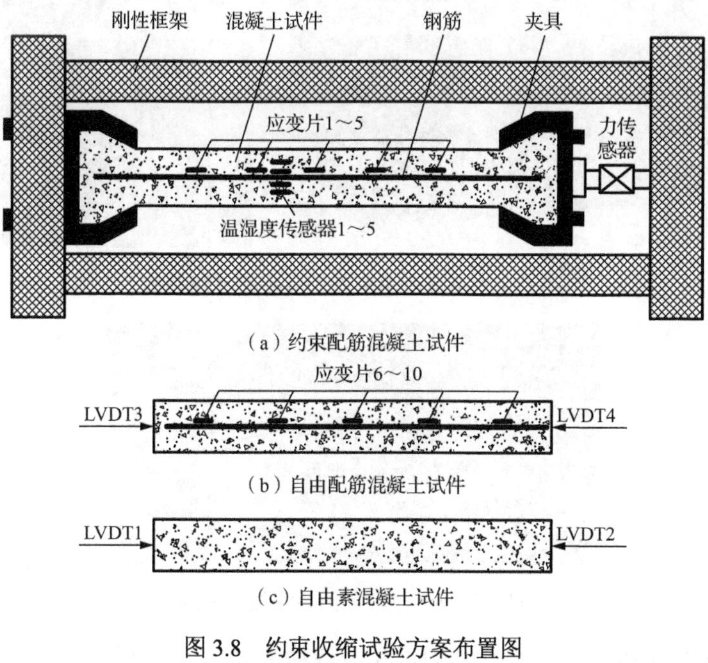

（a）约束配筋混凝土试件

（b）自由配筋混凝土试件

（c）自由素混凝土试件

图 3.8　约束收缩试验方案布置图

试验在恒温、恒湿实验室中进行，温度由空调控制，湿度由抽湿机控制，室内采取适当密封措施，以维护设定的温、湿度环境。实测效果表明，在实验室密封环境下可以达到预定温度为（20±3）℃、相对湿度为（40±5）%的混凝土干燥收缩试验条件。试验图片如图 3.9～图 3.11 所示。

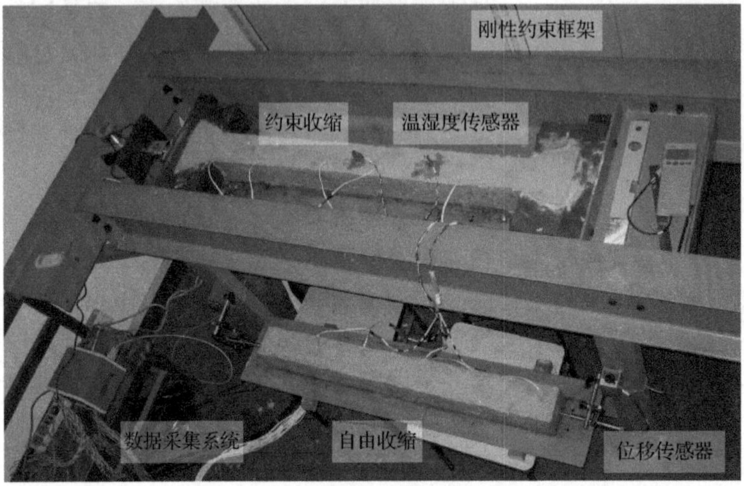

图 3.9　混凝土早龄期约束收缩试验

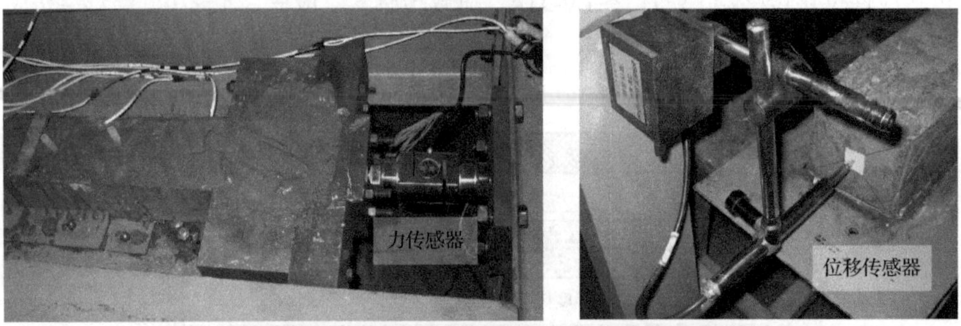

图 3.10　混凝土早龄期约束收缩试验细节

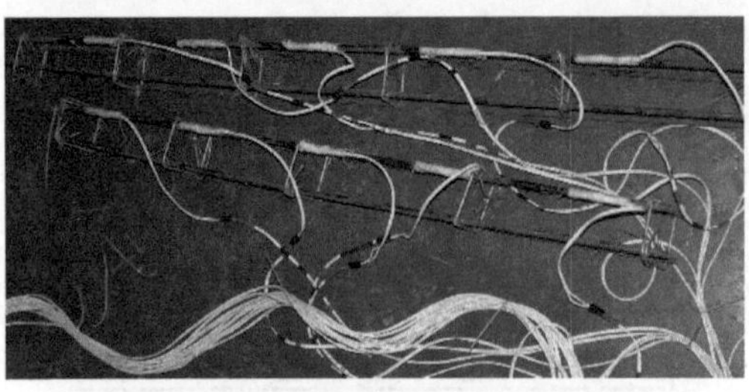

图 3.11　混凝土早龄期约束收缩试验的配筋

混凝土约束收缩试件直接在刚性约束框架的模板上浇筑，2 组自由收缩试件包括素混凝土试件和配筋试件都在自制的钢模内浇筑。浇筑后不再挪动试件，以避免在混凝土早龄期强度、刚度都很差的情况下可能造成对试件不必要的干扰和破坏，浇筑后 20h～1d 拆模并对变形、应力和温、湿度等物理量进行测量，每组试验持续 30～60d，视变形发展及开裂情况而定。

混凝土浇筑前模板内涂抹机油，底部铺设减摩垫层，以方便拆模并减小收缩变形过程中的摩擦。由于试件较长，为防止在液态混凝土侧压力下模具变形，浇筑时用专门制作的夹头夹住模板。配筋构件预先在模板内安放好钢筋网及应变片的引线。混凝土用强制式搅拌机拌合，手工振捣棒捣实，捣实混凝土时须特别小心，不要使钢筋变位并且不要损坏钢筋上的应变片和引出线。试件拆模后立即将 LVDT 架设安装，测量自由收缩变形，为防止混凝土表面凹凸不平影响 LVDT 测量精度，在 LVDT 触头接触的混凝土表面处，在混凝土试件上用 502 胶水粘贴一小块薄塑料平板作为 LVDT 测头顶板。

混凝土早龄期收缩试验中，减小试件底面和支撑底板之间的摩擦非常重要，若接触面摩擦过大，限制混凝土自由收缩变形，也会使约束荷载测量不准确。减小混凝土变形试验中接触面摩擦问题，国内外公认行之有效的有三类措施：①采用各种材料和构造的减摩垫层；②采用刷型加载板，减小接触面积；③采用柔性加载板。常用的减摩垫层有聚四氟乙烯板、铝箔夹油膏、油毡纸以及几种垫层组合等。

上述试验中采取的措施：在混凝土试件和下部钢底板之间，放置 0.5mm 厚的聚四氟乙烯板，然后上面铺 3 层塑料，塑料与聚四氟乙烯板之间、塑料与塑料之间涂抹油膏，以达到混凝土试件和钢底板之间摩擦最小。对于连接荷载传感器端的金属夹头，由于夹具重，试验测试表明聚四氟乙烯板对减小钢块和钢板之间摩擦基本没有效果，经过测试比较采用在夹具底部钢板上铺一层碳粉的办法，靠碳粉的润滑作用减小金属之间摩擦，效果良好。

3.3.2　试验方案

在早龄期约束收缩试验设计上，考虑材料性能、环境条件和结构约束 3 方面因素。材料性能方面主要考虑的是混凝土配合比和强度等级；环境条件方面主要是混凝土养护温、湿度情况；结构约束方面主要是内约束的强弱，也就是配筋量和配筋方式，以及是否存在端部约束。

1）材料性能：混凝土等级普通混凝土 C30，高强、高性能混凝土 C60。

2）环境条件：干燥收缩，（20±3）℃，相对湿度（40±5）%。

3）结构约束：4 种配筋率分别为 0%（素混凝土）、1.13%（4ϕ6）、2.01%（4ϕ8）、4.52%（4ϕ12、1ϕ24），钢筋布置方式为单根钢筋集中式布置或者 4 根钢筋分布式布置。

试验设计借鉴正交试验思想，约束效果好的分布式配筋多做、约束效果差的集中式配筋少做，减少只是在试件中心布置 1 根配筋的试件数量，试验总量为 8 组，每组 3 个试件，试验持续时间为从浇筑后 20～24h 拆模开始至龄期 30～60d，试验方案如表 3.2 所示。

表 3.2 配筋混凝土构件早龄期约束收缩试验方案

序号	试件编号*	混凝土等级	钢筋布置方式及配筋率
1	C30-0	C30	0
2	C30-2d	C30	4ϕ8，2.01%
3	C30-3d	C30	4ϕ12，4.52%
4	C30-3c	C30	1ϕ24，4.52%
5	C60-0	C60	0
6	C60-1d	C60	4ϕ6，1.13%
7	C60-2d	C60	4ϕ8，2.01%
8	C60-3c	C60	1ϕ24，4.52%

* 编号说明：第一项表示混凝土等级，分别代表普通混凝土 C30 和高强、高性能混凝土 C60；第二项表示配筋率和配筋方式，0、1、2、3 分别代表不配筋以及配筋率为 1.13%、2.01%、4.52%，d 代表分布式配筋，c 代表集中式配筋。

在混凝土配筋构件早龄期约束收缩试验、配筋构件自由收缩试验和素混凝土自由收缩试验的同时，进行普通混凝土 C30 和高强、高性能混凝土 C60 在标准养护条件下早龄期材料力学性能随龄期变化规律的试验研究，包括抗压强度、弯曲拉伸拉强度和弹性模量等，试验的龄期分别为 1d、3d、7d、14d 和 28d。

混凝土抗压强度试验采用立方体试件和圆柱体试件两种，立方体试件尺寸为 100mm×100mm×100mm，圆柱体试件尺寸为ϕ150mm×300mm。圆柱体抗压强度试验一方面是为了得到混凝土的轴心抗压强度，这与立方体抗压强度是不同的；另一方面是为了方便与国外试验数据进行对比，国外规范通常是以圆柱体强度作为衡量混凝土抗压强度的标准，而国内的标准是以立方体强度作为衡量其强度的标准。弯曲拉伸强度试验采用小梁试件，尺寸为 100mm×100mm×400mm。弹性模量试验采用标准圆柱体试件，尺寸为ϕ150mm×300mm。每个龄期每组试验 3 个试件，取平均值作为最后结果。

3.3.3 原材料和配合比设计

普通混凝土 C30 在实验室调配，配合比如表 3.3 所示：水泥采用江南小野田水泥有限公司生产的 P·O 42.5 水泥；河砂，含水率 2.4%～4%；碎石，粒径范围 5～30mm；拌合水采用自来水。混凝土用 0.5m^3 容量的强制式搅拌机搅拌，坍落度为 135mm。

表 3.3　普通混凝土 C30 配合比　（单位：kg/m³）

水灰比 W/C	水泥（P·O 42.5）	水	砂	石（5～30mm）
0.58	395	230	700	1030

高强、高性能混凝土 C60 有 2 种配合比。第一种在实验室调配，没有掺加矿粉和粉煤灰，配合比如表 3.4 所示。其中减水剂采用上海申立建材有限公司生产的高效减水剂 SP-406，减水率 18%，其余原材料与普通混凝土相同。强制式搅拌机搅拌，坍落度 190mm 左右。这种 C60 配合比Ⅰ主要在试验第一阶段进行早龄期抗压强度和弯曲拉伸强度试验。

第二种配合比的高强、高性能混凝土 C60 是在混凝土搅拌站批量生产的，配合比中掺加了粉煤灰和矿粉，如表 3.5 所示。水泥采用京阳水泥有限公司生产的 P·O 42.5 号水泥；细骨料采用长江中砂；粗骨料采用湖州新开元碎石有限公司生产的 5～25mm 碎石；粉煤灰采用上海电桥实业有限公司生产的Ⅱ级粉煤灰；矿粉为上海宝田新型建材有限公司生产的 S95 级矿粉；外加剂为广州西卡建筑材料有限公司生产的 3301 型高效减水剂。混凝土在搅拌站搅拌后运输至实验室浇筑，坍落度为（180±30）mm。这种 C60 配合比Ⅱ混凝土主要在试验第二阶段进行圆柱体抗压强度、弹性模量及配筋构件早龄期约束收缩试验。

表 3.4　高强、高性能混凝土 C60 配合比Ⅰ　（单位：kg/m³）

水灰比 W/C	水泥（P·O 42.5）	水	砂	石（5～30mm）	减水剂（SP-406）
0.35	490	175	690	1045	9.72

表 3.5　高强、高性能混凝土 C60 配合比Ⅱ　（单位：kg/m³）

水灰比 W/C	水泥（P·O 42.5）	水	砂	石（5～25mm）	粉煤灰	矿粉	减水剂(3301)
0.35	350	170	720	1020	70	70	4.20

3.4　混凝土早龄期力学性能试验研究

3.4.1　早龄期抗压强度

分别采用国内外普遍使用的 100mm×100mm×100mm 立方体试件和国外标准的ϕ150mm×300mm 的圆柱体试件衡量混凝土抗压强度指标。

立方体抗压强度按照《混凝土物理力学性能试验方法标准》（GB/T 50081—2019）进行，试件钢模成型，振动台振捣，标准养护，浇筑 1d 后拆模并置于相对湿度 90%以上的养护室中养护。试验按照不同龄期 1d、3d、7d、14d、28d 进行，每个龄期测试 3 个试件，取 3 个试件平均值作为该龄期混凝土抗压强度；如果 3 个测试值中最大值或者最小值与中间值的差超过 15%，则把最大值和最小值一并舍除，取中间值为强度值；如果最大值和最小值与中间值的差均超过 15%，则该组试验结果无效。

采用加载板带球铰的普通万能试验机，普通混凝土加载速率为 0.3～0.5MPa/s，高强混凝土加载速率为 0.5～0.8MPa/s，这是对于 28d 成熟期试件而言的，早龄期强度较低时先大致推测当时龄期强度，再对加载速率做适当折减。100mm×100mm×100mm 立方体是非标准试件，由破坏荷载计算抗压强度时应乘以 0.95 的尺寸折换系数。试验结果如表 3.6 和图 3.12 所示。

表 3.6　不同龄期 C30 和 C60 配合比 I 混凝土立方体抗压强度

混凝土强度等级	抗压强度/MPa				
	1d	3d	7d	14d	28d
C30	15.93	22.09	32.59	38.11	47.79
C60	33.07	50.47	62.07	67.31	78.25

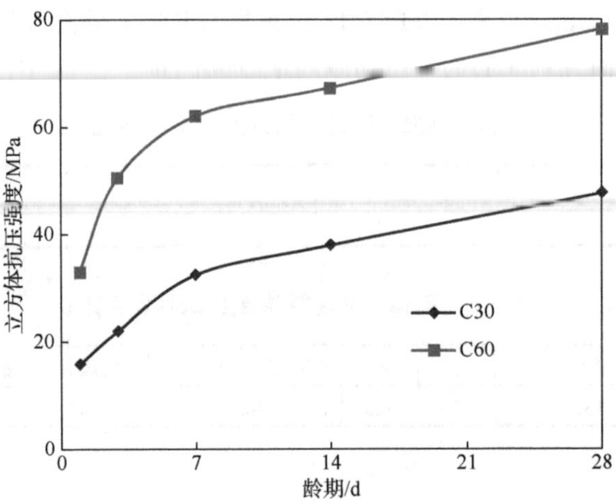

图 3.12　C30 和 C60 I 混凝土立方体抗压强度随龄期发展

美国材料与试验协会（American Society for Testing and Materials，ASTM）推荐的混凝土抗压强度标准试验为ϕ150mm×300mm 的圆柱体试件，相当于我国常用的棱柱体抗压强度，实际上测得的是混凝土轴心抗压强度，它和立方体抗压强度之间存在固定换算关系。圆柱体试件的加载速率为 0.2～0.35MPa/s。

第一阶段 C30 和 C60 配合比 I 每组浇筑 9 个试件，龄期为 7d、14d、28d，试验结果如表 3.7 和图 3.13 所示。第二阶段 C60 配合比 II 混凝土圆柱体抗压强度从拆模后第 1 天开始，每隔 4d 测试，试验结果如图 3.14 所示。

表 3.7　不同龄期 C30 和 C60 配合比 I 混凝土圆柱体抗压强度

混凝土强度等级	抗压强度/MPa		
	7d	14d	28d
C30	16.48	20.69	26.34
C60	29.09	32.97	40.17

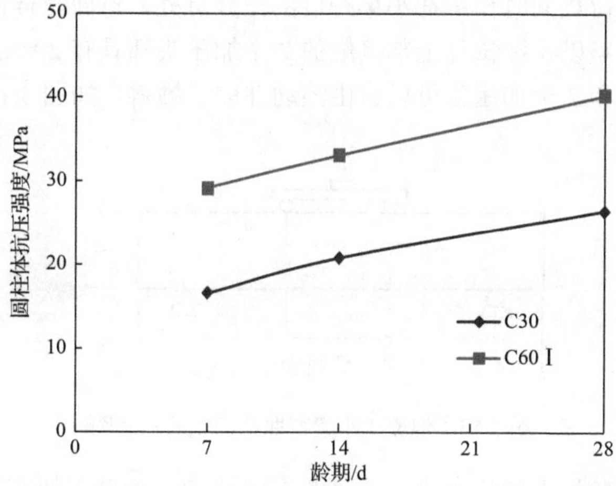

图 3.13　C30 和 C60 I 混凝土圆柱体抗压强度随龄期发展

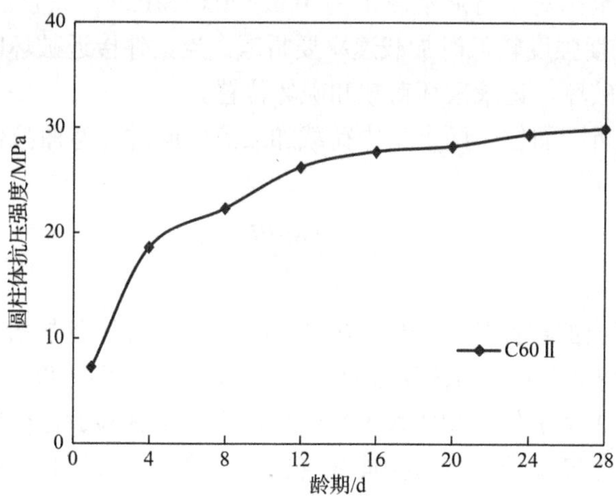

图 3.14　C60 II 混凝土圆柱体抗压强度随龄期发展

3.4.2　早龄期弯曲拉伸强度

采用 100mm×100mm×400mm 小梁试件弯曲拉伸强度作为衡量混凝土抗拉强度指标。一批浇筑 12 个弯曲拉伸试件，测试龄期分别为 3d、7d、14d、28d，每个龄期 3 个试件。

加载采用弯曲拉伸试验机，配有专门的弯曲拉伸试验架，弯曲拉伸试验架作用是使两个相等荷载同时作用在小梁跨度的三分点处，弯曲拉伸试验机和试件底部接触的 2 个支座以及和试件上部接触的 2 个加压头都具有 20mm 的弧形顶面，其中的 1 个支座和 2 个加压头可以自由滚动并前后倾斜，如图 3.15 所示。

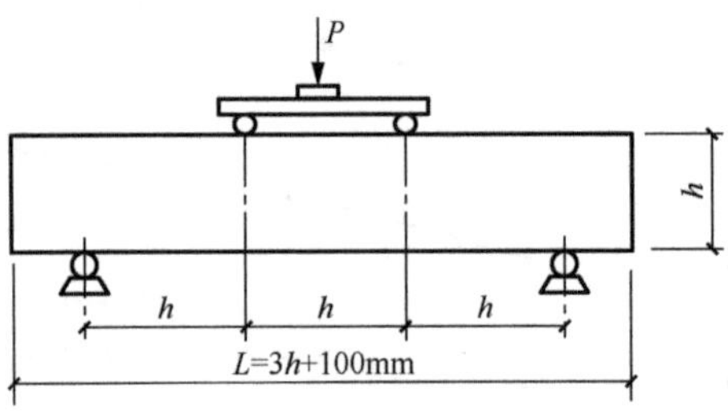

图 3.15　混凝土小梁弯曲拉伸试验示意图

将试件在试验机上放稳对中，按照图 3.15 中尺寸调整支架和加压头位置，所有间距尺寸偏差范围为-1～1mm。承压面选择试件成型时的侧面。试件连续均匀加载，加载速率范围对于普通混凝土为 0.02～0.05MPa/s，高强混凝土为 0.05～0.08MPa/s，早龄期强度较低时加载速率要折减。当试件接近破坏时，应停止调整油门，直至试件破坏，记录破坏荷载和破坏位置。

试件破坏且折断面位于两个集中荷载加载点中间时，弯曲拉伸强度按照下式计算：

$$f_r = \frac{0.85PL}{bh^2} \tag{3.9}$$

式中：f_r 为混凝土的弯曲拉伸强度；0.85 为非标准尺寸试件的折换系数；P 为破坏荷载；L 为支座间距；b 为试件截面宽度；h 为试件截面高度。

每组试验取 3 个试件平均值作最后结果，当 3 个试验数据值差异过大时的处理同立方体抗压强度试验。弯曲拉伸强度试验结果是有效的必须是折断面位于加载点之间，每组试验 3 个试件中有一个折断面不在加载点中间时，该试件结果予以舍弃，按照另外 2 个试件的平均值计算；当有 2 个试件折断面都不在加载点中间时，该组试验无效。试验现场如图 3.16 所示，弯曲拉伸强度随龄期发展规律如表 3.8 和图 3.17 所示。

图 3.16　混凝土梁弯曲拉伸试验

表 3.8　不同龄期 C30 和 C60 配合比 I 混凝土弯曲拉伸强度

混凝土强度等级	弯曲拉伸强度/MPa			
	3d	7d	14d	28d
C30	3.02	4.25	4.61	5.17
C60	4.48	5.71	6.21	7.32

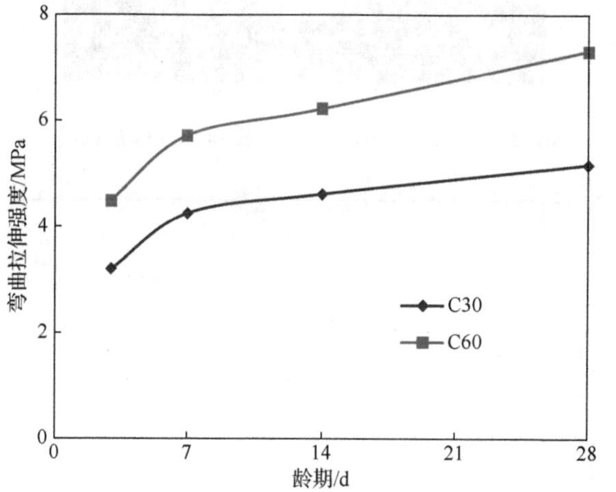

图 3.17　C30 和 C60 配合比 I 混凝土弯曲拉伸强度随龄期发展

3.4.3　早龄期受压弹性模量

采用圆柱体试件ϕ150mm×300mm 进行弹性模量随龄期发展的试验研究。

采用普通液压万能试验机加载，应力由试验机荷载传感器测得，应变通过在混凝土试件上粘贴应变片测得。试验时每个试件至少进行 2 次加载，加载速率为

0.2～0.35MPa/s。第一次加载为预加载，主要检查试件对中情况和测试设备是否工作正常；第二次为正式加载，记录应变 50×10^{-6} 时应力为 σ_1，40%破坏荷载时应力为 σ_2、应变为 ε_2，加载过程不能中断，混凝土受压静弹性模量由如下公式计算：

$$E=\frac{\sigma_2-\sigma_1}{\varepsilon_2-0.00005} \tag{3.10}$$

进行高强、高性能混凝土 C60 配合比Ⅱ的弹性模量随龄期变化的研究，试验龄期为从拆模后第 1 天开始，每隔 4d 测试一组，试验图片和测试结果如图 3.18 和图 3.19 所示。

图 3.18　混凝土圆柱体试件受压弹性模量试验

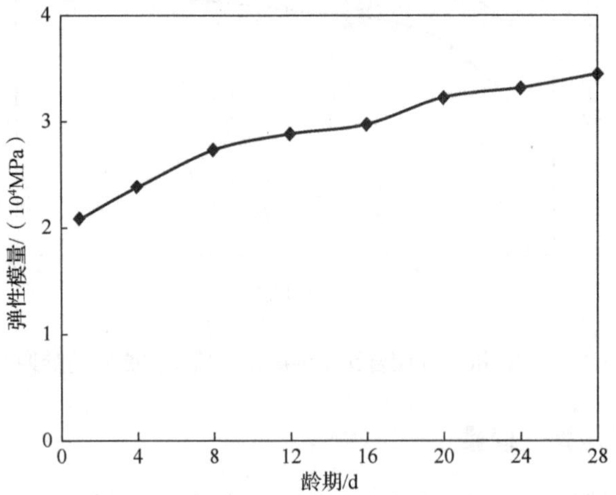

图 3.19　C60 配合比Ⅱ混凝土圆柱体受压弹性模量

3.5　普通混凝土配筋构件约束收缩试验研究

3.5.1　收缩变形试验结果与分析

（1）收缩变形

混凝土早龄期自由收缩试验，一是素混凝土试件自由收缩，二是配筋构件在没有端部约束情况下的收缩。试验测得的收缩变形既包括混凝土的自收缩，即和外界无湿度交换条件下的收缩，也包括干燥收缩和温度变形。由于截面尺寸小，内部温度变化不大，温度变形数值较小，不做过多分析。对于普通混凝土而言，相对于干燥收缩变形，自收缩变形是微小的，我们试验只测量总的收缩变形值，不严格区分自收缩和干燥收缩。早龄期收缩量用应变表达，即构件两端 LVDT 变形的总和除以试件的长度 1000mm。

收缩变形和约束应力测量从浇筑后 20h 拆模时开始，持续进行至龄期 30～60d，视试件变形情况而定，收缩变形趋于稳定时停止。干燥收缩环境条件为温度（20±3）℃，相对湿度（40±5）%。表 3.9 和图 3.20 为 C30 素混凝土不同龄期的自由收缩应变，28d 干燥收缩应变为（435.9×10^{-6}）～（554.0×10^{-6}），平均值为 510.675×10^{-6}，龄期 40d 时收缩应变可达 600×10^{-6}，在 1d、3d、7d、14d 龄期的收缩分别为 28d 的 13.2%、24.4%、48.0%、72.5%。

表 3.9　C30 素混凝土不同龄期自由收缩应变

试件编号	自由收缩应变/10^{-6}				
	1d	3d	7d	14d	28d
C30-0	88.8	155.1	286.7	419.7	554.0
C30-0	52.6	82.5	227.6	362.8	512.0
C30-2d	67.2	163.6	271.6	384.5	540.8
C30-3c	61.2	98.1	194.5	314.6	435.9
平均值	67.45	124.825	245.1	370.4	510.675

按照美国混凝土学会（American Concrete Institute，ACI）研究结果，混凝土 28d 收缩值为极限收缩数值的 44%～50%，根据 28d 龄期收缩值可以推测得到极限收缩值，然后由极限收缩值和试验数据按照最小方差理论回归可以得到指数形式的 C30 混凝土任意龄期的收缩应变如下：

$$\varepsilon_{sh}(t)=1149.0\times(1-e^{-0.0231t}) \tag{3.11}$$

式中：t 为时间。

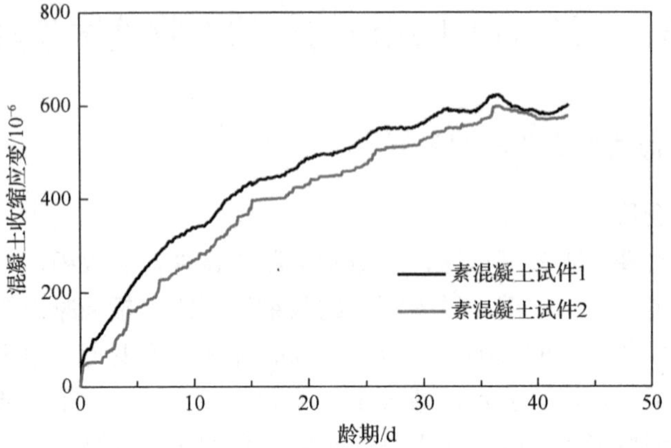

图 3.20　C30 素混凝土试件（C30-0）干燥收缩应变随龄期的变化

（2）钢筋对收缩的约束度

混凝土收缩是否可以通过配筋得到有效限制、在何种程度上限制，是试验研究目标之一。从试验结果可以看出，由于钢筋的约束效应，每组配筋构件的收缩应变都明显比素混凝土试件的低。普通混凝土在不同配筋率下的配筋构件和素混凝土试件的收缩应变随龄期的变化如图 3.21 和图 3.22 所示。

钢筋对混凝土早龄期收缩变形的约束作用，无论是试验研究还是理论分析，都有如下的趋势。

1）在同样的钢筋布置方式下，配筋率越高，对变形的约束效果越强。

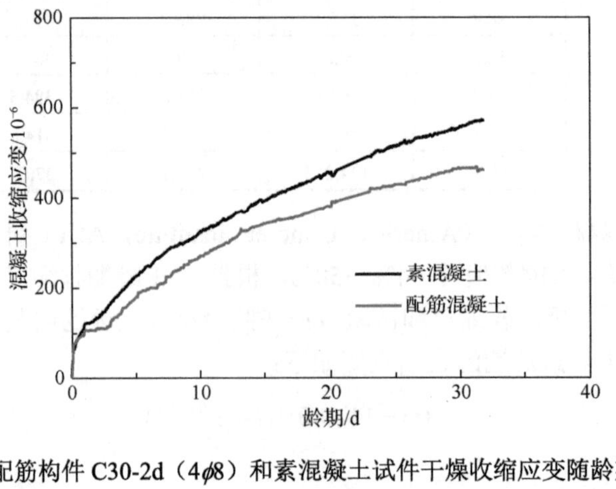

图 3.21　配筋构件 C30-2d（4ϕ8）和素混凝土试件干燥收缩应变随龄期的变化

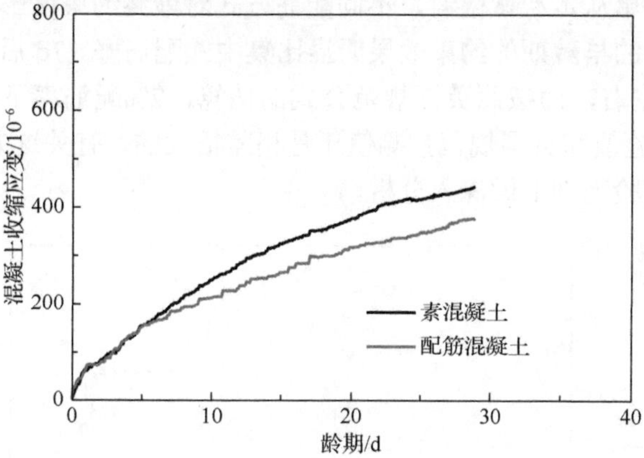

图 3.22　配筋构件 C30-3c（1ϕ24）和素混凝土试件干燥收缩应变随龄期的变化

2）同样的配筋率下，分布式配筋（4 根钢筋）和集中式配筋（1 根钢筋）相比，分布式配筋钢筋和混凝土接触的表面积大，相互咬合和握裹作用强，约束效果更好。这表明，荷载作用下混凝土裂缝控制的配筋原则“细钢筋密排列”对限制收缩变形也是适用的。

3）带肋钢筋与相同尺寸的光圆钢筋相比，有更大的接触面积和更强的咬合作用，对混凝土变形的约束作用更强。

配筋构件收缩变形试验中，内部钢筋对混凝土收缩变形约束效果的强弱可以用约束度定量衡量，这里约束度定义为素混凝土试件的自由收缩减去配筋构件收缩的差值除以素混凝土试件的自由收缩，这样的定义和约束收缩试验中约束框架对于构件总体变形的约束是有区别的。试验中由于试验组数的限制和数据离散性等原因，难以得到约束度和配筋率之间的定量关系表达式。英国混凝土规范中给出一个截面对称配筋情况下混凝土构件收缩应变的粗略估计：

$$\varepsilon_{sh}^{s}=\frac{\varepsilon_{sh}^{c}}{1+K\rho} \tag{3.12}$$

式中，ε_{sh}^{s}为配筋混凝土构件的收缩应变；ε_{sh}^{c}为相同环境条件下素混凝土试件的收缩应变；K为与环境条件相关的系数，室内制作取 25，室外制作取 15；ρ为配筋率。该公式忽略了龄期的影响，不能考虑早龄期的发展变化，也不能考虑配筋方式和混凝土强度等级的影响。

对于配筋率为 2.01%的普通混凝土试件在不同配筋方式（分散式配筋 4ϕ8 和集中式配筋 1ϕ24）下试验，测得的钢筋对收缩变形的约束度随龄期的变化如图 3.23 所示。约束度在混凝土浇筑后 1～7d 变化较大，数值从 0 逐渐增加，可能是这个时段钢筋和混凝土之间粘结作用逐渐增强的结果；7d 后约束度基本趋于稳定而不再变化。单从本次试验看，不同配筋方式对最终约束度影响不大，但分布式配筋在 1～7d 的早龄期的约束效果明显比集中式配筋好。7d 后稳定的约束度试验数值在 18%左右，而按照英国规范公式的估算，2%配筋率下的约束度大致为 33%，可见，试验值和英国规范预测值还是相差很大的，有关这方面的定量关系，尚需在进一步试验基础上做深入分析。

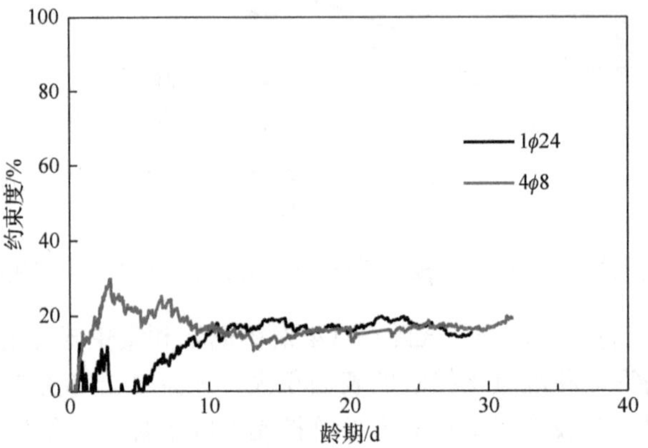

图 3.23　配筋构件在不同配筋方式下约束度随龄期的变化

3.5.2　约束应力试验结果与分析

在刚性约束框架上进行素混凝土约束收缩试验，如果忽略刚性框架变形，约束试件的总变形为 0，混凝土总变形包括收缩变形、约束拉应力产生的弹性拉伸变形和徐变变形，满足下式：

$$\varepsilon(t)=\varepsilon_{\mathrm{sh}}(t)+\varepsilon_{\mathrm{e}}(t)+\varepsilon_{\mathrm{cr}}(t)=\varepsilon_{\mathrm{frame}}\approx 0 \tag{3.13}$$

式中：$\varepsilon(t)$ 为 t 时刻的总应变；$\varepsilon_{\mathrm{sh}}(t)$ 为收缩应变；$\varepsilon_{\mathrm{frame}}$ 为框架应变；弹性应变 $\varepsilon_{\mathrm{e}}(t)$ 和徐变应变 $\varepsilon_{\mathrm{cr}}(t)$ 可以分别用下式表达：

$$\varepsilon_{\mathrm{e}}(t)=\frac{\sigma_{\mathrm{c}}(t)}{E(t)} \tag{3.14}$$

$$\varepsilon_{\mathrm{cr}}(t)=\frac{\sigma_{\mathrm{c}}(t)}{E(t)}\varphi(t)\cdot\eta(t) \tag{3.15}$$

其中：$\varphi(t)$ 为混凝土徐变系数；$\eta(t)$ 为徐变系数的折减系数，主要考虑约束应力在试验过程中是逐渐增长的，这种情况混凝土徐变的增长比构件处在常应力下徐变的增长要缓慢得多，因此必须乘以一个折减系数。折减系数 $\eta(t)$ 随龄期发展而变化，有研究结果建议对于成熟混凝土数值为 0.6～0.9，对于早龄期混凝土则为 0.9～1.0。把式（3.14）和式（3.15）代入式（3.13），可以估算素混凝土试件在约束收缩下的约束应力发展。

对于配筋构件约束收缩试验的应力发展，可以从构件外部约束荷载、钢筋应变和应力、混凝土应力等几个方面来分析。试验中构件约束荷载由力传感器直接测量，钢筋应力和应变用应变片测量，混凝土应力则由平衡关系计算。

（1）构件约束荷载

构件的约束荷载由刚性约束框架试验的荷载传感器测量，一般直接以约束荷载 $N_{\text{Restraint}}$ 或者名义应力 σ_{Normal} 的形式表达，名义应力定义为约束荷载除以构件的总截面面积：

$$\sigma_{\text{Normal}} = N_{\text{Restraint}} / A_{\text{Total}} \tag{3.16}$$

式中：A_{Total} 为构件的总截面面积，即混凝土面积与钢筋面积之和（$A_c + A_s$）。

试验测得的素混凝土试件和配筋构件的约束荷载随龄期的变化如图 3.24 和图 3.25 所示。约束荷载随龄期增大，素混凝土试件约束荷载最大，龄期 35d 时达到最大值 6kN 左右，此时混凝土应力为 0.6MPa，此后荷载值略有降低，可能是由于混凝土内部产生微裂缝所致，但试件表面并没有观测到可见裂缝。配筋构件的约束荷载比素混凝土试件小很多，数值为 0.35～0.7kN，仅为素混凝土试件的 1/17～1/8，并且大致的趋势是随着配筋率的增加约束荷载降低。这可能是由于配筋减小了构件的收缩变形值，减小了的收缩变形的影响大于配筋导致的构件刚度增加的影响。配筋构件约束荷载比素混凝土试件大幅降低，说明配筋构件抵抗变形裂缝的性能比素混凝土好很多。

（2）钢筋应力

混凝土收缩受到钢筋限制，钢筋产生应力，普通混凝土配筋构件无论是端部自由收缩还是端部约束收缩，最终钢筋应变 ε_s 都为（300×10^{-6}）～（800×10^{-6}），而此范围内钢筋应力属于弹性范围，可以用胡克定律求钢筋应力 σ_s：

$$\sigma_s = \varepsilon_s \cdot E_s \tag{3.17}$$

式中：钢筋弹性模量 $E_s = 2.1\times10^5\,\text{MPa}$，计算的钢筋应力为 60～170MPa。

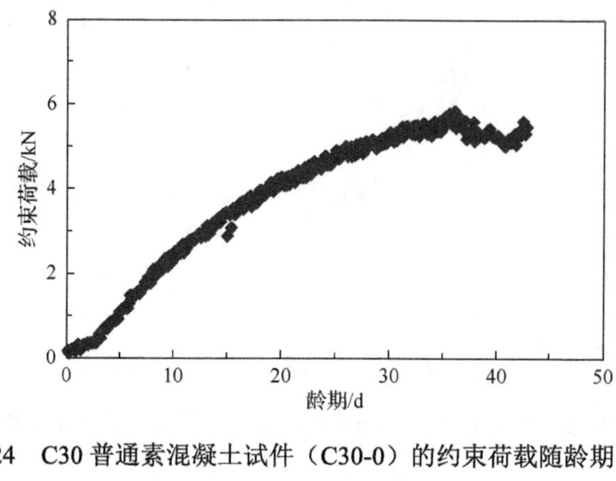

图 3.24　C30 普通素混凝土试件（C30-0）的约束荷载随龄期的变化

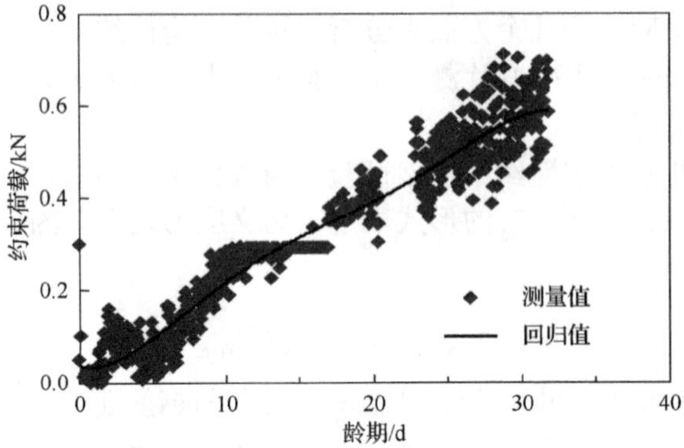

图 3.25　配筋构件 C30-2d（4ϕ8）的约束荷载随龄期的变化

钢筋应变随龄期的变化如图 3.26 和图 3.27 所示。同一种配筋率下，每组配筋构件中框架约束收缩试件的钢筋应变比自由收缩试件的钢筋应变大，如构件 C30-2d（4ϕ8），28d 龄期约束收缩试件的钢筋平均应变为 740×10^{-6}，而相应配筋自由变形试件的钢筋平均应变为 583×10^{-6}；构件 C30-3c（1ϕ24）28d 龄期约束构件钢筋平均应变为 577×10^{-6}，自由变形构件钢筋平均应变为 505×10^{-6}。这是因为约束条件下，钢筋压应力不但要平衡试件的混凝土拉应力，而且还要平衡作用于构件外部的拉伸约束荷载。

另外一个趋势是，无论对于配筋自由收缩试件还是约束试件，配筋率越低，相应的钢筋应变越大，C30-2d（4ϕ8）、C30-3c（1ϕ24）、C30-3d（4ϕ12）在自由变形下 28d 龄期的钢筋应变分别为 583×10^{-6}、505×10^{-6}、380×10^{-6}，约束条件下分别为 740×10^{-6}、577×10^{-6}、191×10^{-6}，随着配筋率的增加和配筋方式的优化而依次减小；也就是说，配筋率越大，单位钢筋分担的约束越弱，钢筋应力越小。

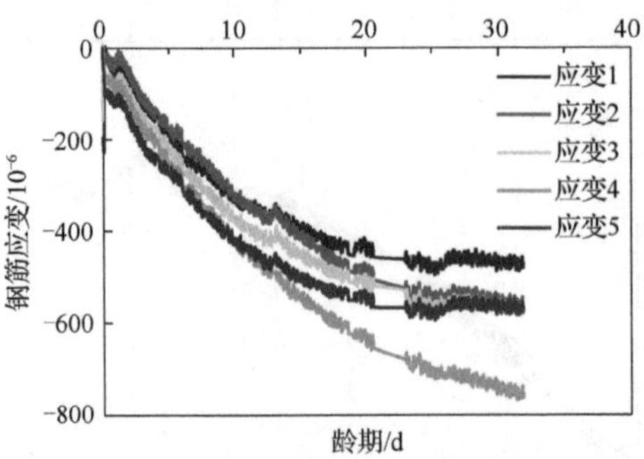

应变 1～应变 5 为混凝土配筋试件不同位置的钢筋应变，后同。

图 3.26　配筋构件 C30-2d（4ϕ8）自由收缩下的钢筋应变随龄期的变化

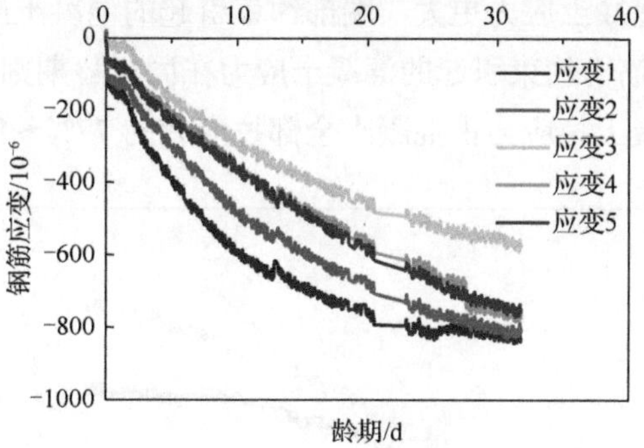

图 3.27　配筋构件 C30-2d（4ϕ8）约束收缩下的钢筋应变随龄期的变化

（3）混凝土应力

配筋构件的混凝土应力，无论是端部自由收缩还是框架约束收缩，可以根据构件的受力平衡条件求得，统一用如下公式表达：

$$\sigma_c = \frac{N_{\text{Restraint}} - \sigma_s A_s}{A_c} \tag{3.18}$$

对于端部自由收缩 $N_{\text{Restraint}}$ 为 0，构件钢筋应力和混凝土自相平衡，没有外部荷载；对于约束收缩 $N_{\text{Restraint}}$ 为荷载传感器的测量值。对于钢筋应力，由于试验中没有明显的开裂现象，钢筋应力没有因为裂缝发生而突变，可以取几个应变片测得的钢筋平均应变按照胡克定律确定应力。

素混凝土试件在刚架约束下的应力在 35d 龄期达到最大值 0.6MPa 左右。配筋构件混凝土应力随龄期的变化如图 3.28 和图 3.29 所示，混凝土拉应力随龄期的发展持续增大，约束构件的混凝土应力比自由配筋收缩构件的大。构件 C30-2d（4ϕ8）自由收缩和约束收缩下 28d 混凝土拉应力分别为 2.4MPa 和 3.1MPa；构件 C30-3c（1ϕ24）自由收缩和约束收缩下 28d 混凝土拉应力分别为 4.2MPa 和 4.9MPa。

按照常理分析，C30 混凝土在这样大小的约束拉应力作用下，极可能开裂，但试验中没有发现混凝土表面出现肉眼可见裂缝，从钢筋应力或者约束荷载测量值看，也没有发生由于裂缝而可能导致的突变现象。可能的解释是内部钢筋附近混凝土的局部微小裂缝没有扩展到试件表面，或者即使有裂缝产生由于观测手段的限制而没有观测到。今后的研究可尝试诸如灌浆、切片、显微镜等其他试验手段验证内部的裂缝性状。

此外，在现有试验系统上，显然由于钢筋内约束引起的混凝土应力比由于构件端部约束引起的混凝土应力更大，端部约束引起的混凝土应力在 28d 龄期只为 0.6～0.7MPa，而钢筋内约束引起的混凝土应力在同样龄期则为 2.4～4.2MPa，钢筋内约束引起的混凝土拉应力占混凝土全部拉应力的 77%～86%。

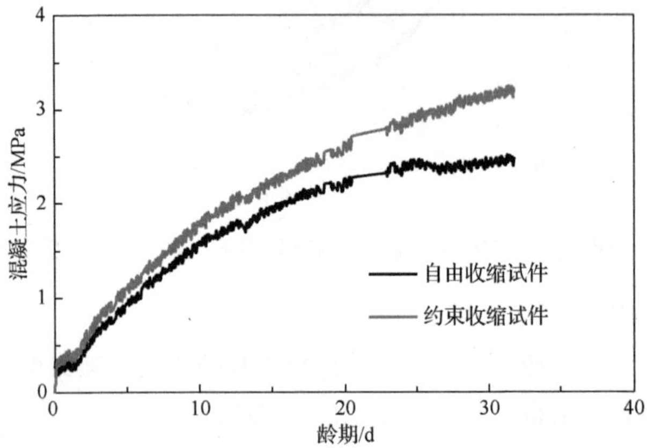

图 3.28　配筋构件 C30-2d（4ϕ8）在约束和自由收缩下的混凝土应力随龄期的变化

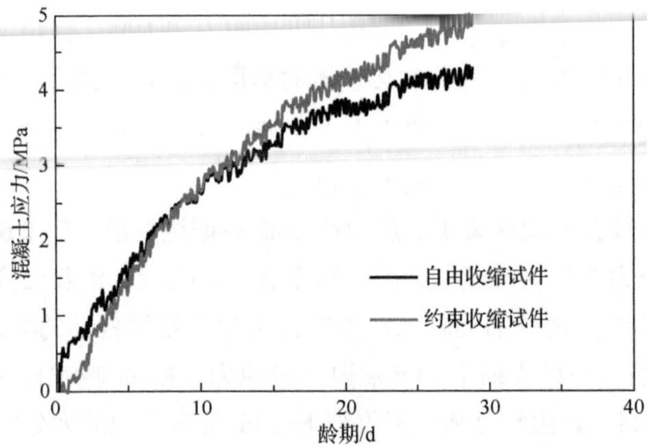

图 3.29　配筋构件 C30-3c（1ϕ24）在约束和自由收缩下的混凝土应力随龄期的变化

3.6　高强混凝土配筋构件约束收缩试验研究

3.6.1　收缩变形试验结果与分析

高强混凝土早龄期干燥收缩、自收缩及由此导致的裂缝问题，是当前研究的热点。高强混凝土最主要的特点是低水胶比和高矿物掺合料，由此导致的早龄期体积稳定性与普通混凝土有很大差别：在低水胶比下由于水泥水化引起内部相对湿度降低产生的自收缩应变较大，并且发生在较早龄期，而由于水分向周围环境散失导致干燥收缩应变相对较小。在普通混凝土中，自收缩应变几乎比干燥收缩应变小一个数量级，一直被人们忽略也不会有太大的问题。

自收缩和干燥收缩既有区别又有联系，都可以用毛细孔压力机理解释，都和毛细孔水分迁移有关，在干燥环境中同时发生。可以近似认为二者之和为干燥环境下的总收缩，不考虑相互耦合作用。通常所说的干燥环境中的干燥收缩是指总收缩，而不是扣除自收缩后的净干燥收缩。

自收缩是和外界环境之间没有水分交换情况下发生的，为了防止混凝土与环境间的水分迁移，试验中必须用不透水、不透湿材料将混凝土表面密封。本试验的方法是在混凝土浇筑 20h 拆模后立即将暴露表面用环氧树脂密封，然后和干燥收缩试件同时置于同样的干燥环境中做对比研究。其试验过程和测试方法同 C30 普通混凝土，环境温度（20±3）℃，相对湿度（40±5）%。

图 3.30 为 C60 高强混凝土自收缩应变和干燥收缩应变随龄期变化的试验结果对比。前 3d 自收缩应变和总干燥收缩应变差别不大，自收缩应变几乎占总干燥收缩的全部；3d 后干燥收缩应变发展速率加快，而自收缩应变发展速率减慢，干燥收缩应变所占比例逐渐增大，龄期 7d 时二者比率达到 60%；7d 以后自收缩应变和总的干燥收缩应变都随着龄期继续增加，但二者比率一直维持在 60%左右不变，发展趋势基本相同，28d 龄期自收缩应变为 180×10^{-6}，干燥收缩应变为 304×10^{-6}。图 3.31 为 C60 高强混凝土早龄期自收缩应变与干燥收缩应变比率随龄期的变化。

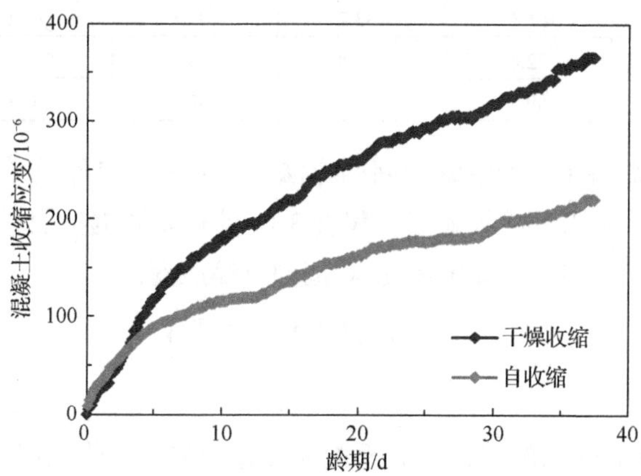

图 3.30　C60 高强混凝土自收缩应变和干燥收缩应变随龄期的变化

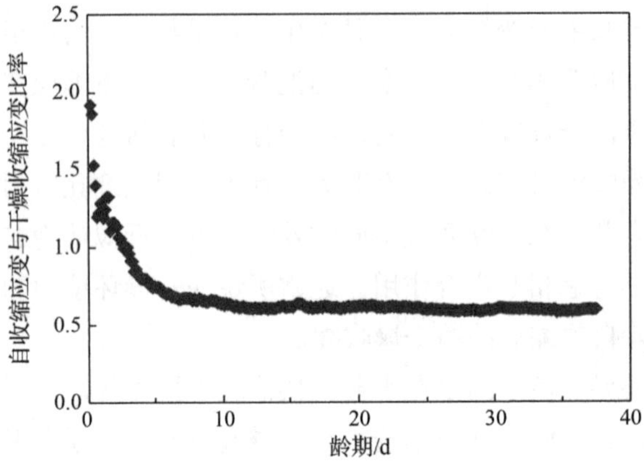

图 3.31　C60 高强混凝土早龄期自收缩应变与干燥收缩应变比率随龄期的变化

表 3.10 是 3 组 C60 素混凝土试件不同龄期的自由收缩应变。28d 的干燥收缩应变为（303.9×10^{-6}）～（367.8×10^{-6}），3 个试件平均值 333.5×10^{-6}，1d、3d、7d、14d 龄期的收缩应变分别为 28d 的 17.8%、33.0%、57.1%、75.9%。同 C30 混凝土相比，C60 混凝土干燥收缩应变较小，但早龄期发展速率较快，28d 干燥收缩应变为 C30 混凝土的 65%。

表 3.10　C60 素混凝土试件不同龄期的自由收缩应变

试件编号	自由收缩应变/10^{-6}				
	1d	3d	7d	14d	28d
C60-0	24.8	65.2	148.4	211.2	303.9
C60-1d	81.3	133.2	193.5	265.1	328.9
C60-3c	72.0	131.8	229.4	283.0	367.8
平均值	59.4	110.1	190.4	253.1	333.5

类似于普通混凝土干燥收缩的回归方法，由实测 28d 平均收缩应变推测最终极限收缩应变，然后由极限收缩应变和表 3.10 的试验数据按照最小方差理论回归得到 C60 高强混凝土指数形式的任意龄期的收缩应变：

$$\varepsilon_{\mathrm{sh}}(t) = 758.0(1-\mathrm{e}^{-0.0176t}) \tag{3.19}$$

式中：t 为时间。

图 3.32 和图 3.33 为配筋构件和素混凝土试件的干燥收缩应变随龄期的变化，28d 龄期时不同配筋率下 C60-1d（4ϕ6）和 C60-3c（1ϕ24）钢筋对混凝土收缩变形的约束度分别为 17%和 52%，离散性大。

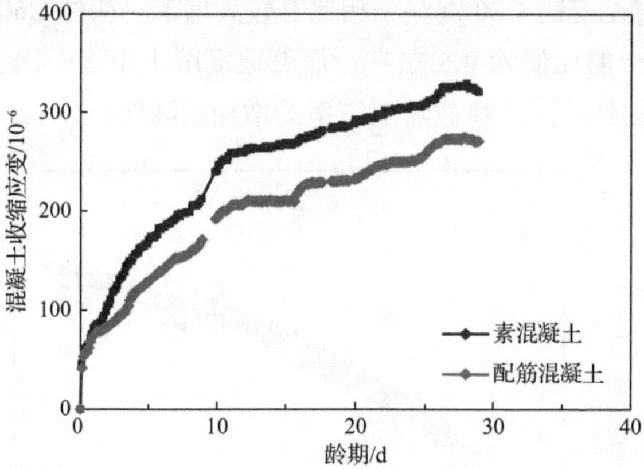

图 3.32　配筋构件 C60-1d（4ϕ6）和素混凝土干燥收缩应变随龄期的变化

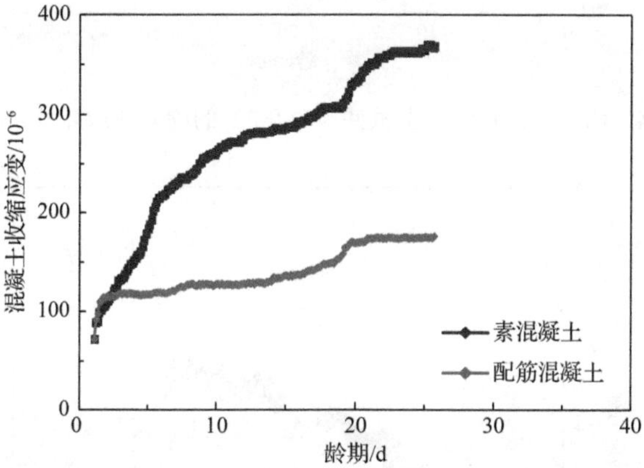

图 3.33　配筋构件 C60-3c（1ϕ24）和素混凝土干燥收缩应变随龄期的变化

3.6.2　约束应力试验结果与分析

C60 高强素混凝土试件和配筋构件在刚性框架约束下的约束荷载、钢筋应变和应力、混凝土应力的分析方法同 3.5.2 节 C30 普通混凝土。这里给出 C60 高强混凝土的试验结果，以及与 C30 普通混凝土的差异。

约束试件的约束荷载随龄期的变化如图 3.34 和图 3.35 所示，同普通混凝土相似，素混凝土试件的约束荷载比配筋混凝土的大，28d 龄期素混凝土约束荷载可达 3.2kN 左右，对应截面混凝土约束拉应力为 0.32MPa，试验停止时的 38d 龄期约束荷载达到 3.9kN。同 C30 普通混凝土相比，C60 素混凝土试件约束荷载减小近一半，说明高强混凝土收缩变形减小对约束应力发展的影响远大于弹性模量增加对约束应力发展的影响。

配筋构件 C60-1d（4ϕ6）约束荷载随龄期的发展而线性增加，28d 约束荷载为 2.9kN，与同样配筋的 C30 混凝土相比有较大增加，构件 C60-1d（4ϕ6）的约束荷载与素混凝土的比值为 0.5 左右，而普通混凝土中这一比值在 1/17～1/8 变化。不同配筋率构件的约束荷载随配筋率的增加而降低。

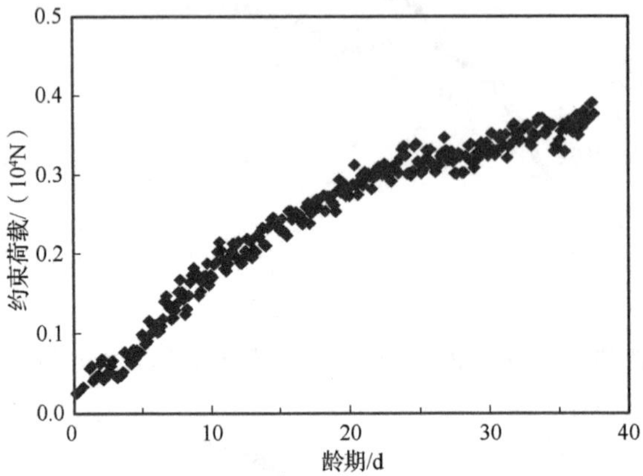

图 3.34　C60 高强素混凝土试件（C60-0）的约束荷载随龄期的变化

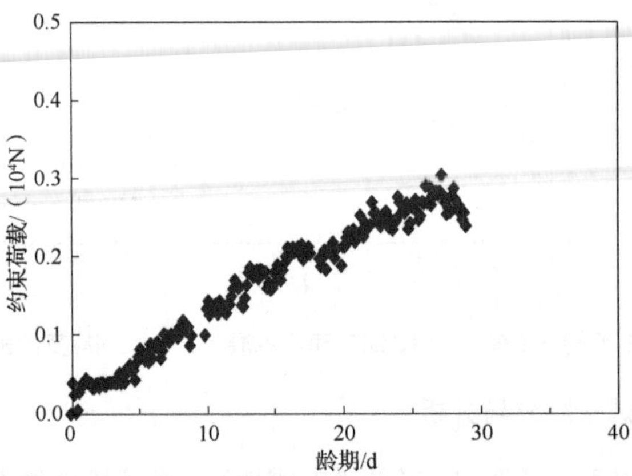

图 3.35　约束构件 C60-1d（4ϕ6）的约束荷载随龄期的变化

配筋构件 C60-1d（4ϕ6）和 C60-3c（1ϕ24）在端部自由收缩和框架约束收缩下钢筋应变随龄期的变化如图 3.36～图 3.38 所示。总体来说，高强混凝土的钢筋应变比普通混凝土小；同一种配筋率下，每组试验的两个配筋构件中框架约束收缩构件的钢筋应变比配筋自由收缩的钢筋应变大，例如，构件 C60-3c（1ϕ24）中，28d 龄期约束构件钢筋平均应变为 400×10^{-6}，而相应自由收缩构件钢筋平均应变为 300×10^{-6}；无论是自由收缩试件还是约束收缩试件，配筋率越低，单位钢筋分担的荷载越大，钢筋应变越大。

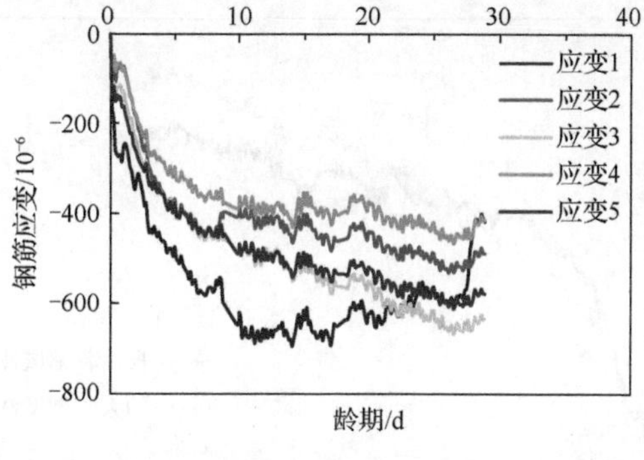

图 3.36　配筋构件 C60-1d（4ϕ6）自由收缩下钢筋应变随龄期的变化

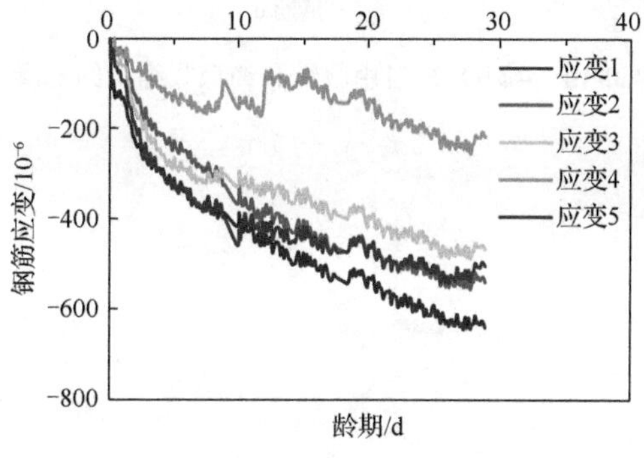

图 3.37　配筋构件 C60-1d（4ϕ6）在约束收缩下钢筋应变随龄期的变化

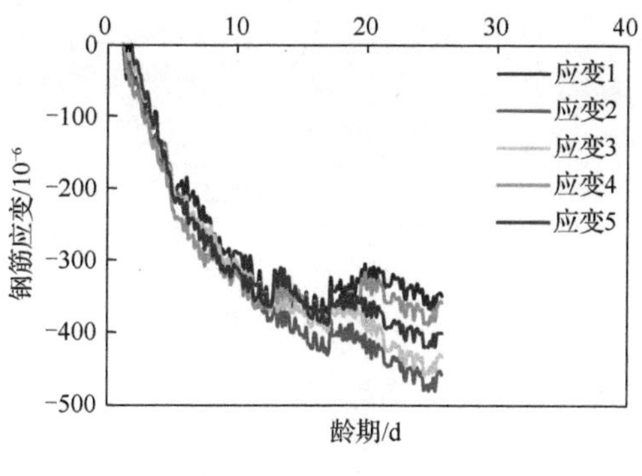

图 3.38　配筋构件 C60-3c（1ϕ24）约束收缩下钢筋应变随龄期的变化

配筋构件 C60-1d（4ϕ6）在自由收缩和约束收缩下由平衡关系计算得到的混凝土应力随龄期的变化如图 3.39 所示。混凝土拉应力随龄期增大，约束试件的混凝土应力比自由配筋收缩试件稍大，自由收缩和约束收缩下 28d 混凝土拉应力分别为 1.5MPa 和 1.8MPa，二者的差值正好大致等于约束收缩中的外部约束荷载分担给混凝土承担的应力部分。从试验结果看，C60 配筋混凝土在自由收缩和约束收缩状态下的混凝土应力，比 C30 在数值上小一半以上。

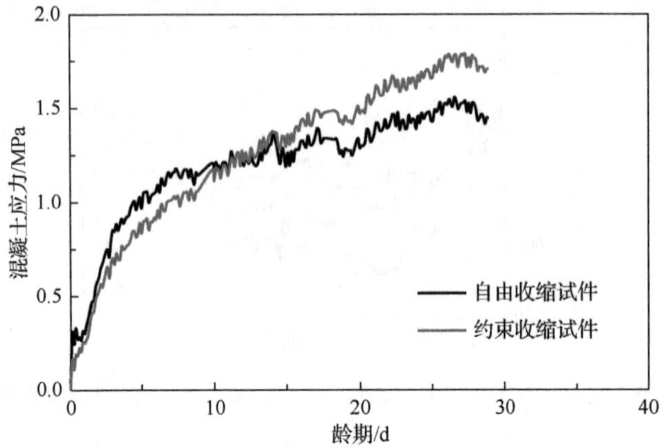

图 3.39　配筋构件 C60-1d（4ϕ6）在自由收缩和约束收缩下的混凝土应力随龄期的变化

第 4 章 自密实混凝土早龄期性能试验研究

4.1 自密实混凝土简介和现状

自密实混凝土（self-compacting concrete，SCC），又称为高流态混凝土，指混凝土拌合物主要依靠自重，不需要振捣即可充满模型和包裹钢筋，属于高强、高性能混凝土的一种。其突出特点是拌合物具有良好的工作性能，即使在密集配筋和复杂形状的条件下，仅依靠自重而无须振捣便能均匀密实地填充成型，为施工操作带来极大方便，同时，兼有提高混凝土质量、改善施工环境、加快施工进度、提高劳动生产率、降低工程费用等技术经济效果，被称为最近几十年中混凝土建筑技术革命性的发展。

自密实混凝土于 20 世纪 80 年代后期在日本发明并应用于工程。1988 年日本东京大学教授冈村最早开发出不振捣的高耐久性混凝土，其关键技术是通过掺加高效减水剂和矿物掺合料，在低水胶比条件下，大幅提高混凝土拌合物的流动性，同时保证良好的黏聚性、稳定性，防止泌水、离析。1996 年冈村在美国得克萨斯大学讲学中，首次命名为自密实高强、高性能混凝土。

之所以把自密实混凝土称为高强、高性能混凝土，首先在于其具有很好的工作性能，即高流动性、高抗分离性、高间隙通过性、高填充性，可保证混凝土在不利的浇筑条件下也能均匀密实成型；其次，内部和表面缺陷减少，结构致密均匀，渗透性低，抗劣化能力和耐久性提高；此外，使用矿物掺合料代替部分水泥，降低混凝土的水化热，减小早龄期开裂的可能性。

自密实混凝土技术一经问世，立即引起世界各国的广泛关注与重视，起步较早的日本、欧洲、美国等相继给予较大投入进行研究与工程应用。日本已生产自密实混凝土 80 万 m^3，近 30 家建筑公司掌握自密实混凝土技术，日本建筑协会在材料施工委员会下设置高流动性混凝土分会，对自密实混凝土的材料、配合比、施工、质量标准和质量管理等进行研究，并制定出《高流动性混凝土材料、配合比、制造、施工指南》，大大推进了自密实混凝土的工程应用，日本的目标是用量达到混凝土总量的 50%；欧盟出资 300 万欧元资助由多国建筑商、混凝土专家、外加剂生产厂家组成的联合攻关项目，开发土木工程通用自密实免振混凝土，颁布关于自密实混凝土应用的规定和指南；法国成立自密实混凝土性能研究的专题小组，对自密实混凝土的早龄期收缩、徐变、早龄期开裂性能等进行研究。

我国在 20 世纪 90 年代初期开始自密实混凝土的研究与应用，从 1995 年起北京、上海、深圳等城市累计浇筑超过 4 万 m^3，主要用于地下暗挖、配筋密集、形状复杂而无法振捣部位以及修复工程，年用量为混凝土总量的 0.5%～1%。2004 年土木工程学会颁布《自密实混凝土设计与施工指南》（CCES 02—2004）。

当前自密实混凝土技术处于承前启后阶段，基础性研究不断发展和深入，如材料配合比研究、工作性能评价测试、早龄期体积稳定性和抗裂性能等。本章在自密实混凝土配合比设计和工作性能测试研究的基础上，利用前面介绍的混凝土早龄期收缩和约束收缩试验系统，进行自密实素混凝土试件早龄期干燥收缩、自收缩和约束收缩的试验研究。

4.2 自密实混凝土配制和工作性能

4.2.1 自密实混凝土原材料特点

和普通混凝土相比，自密实混凝土在配合比设计上对原材料的质量和用量有更高的要求，主要表现在如下几方面。

（1）高效减水剂是自密实混凝土产生的前提

自密实混凝土是随着高性能减水剂的发展而产生的，减水剂对其性能有决定性的影响。减水剂的作用相当于振捣棒，能够分散混凝土颗粒，使其分散于水中，形成水泥浆体，骨料通过浆体浮力和黏聚力悬浮于水泥浆中。常用的减水剂有萘系减水剂和聚羧酸类减水剂，聚羧酸类减水剂减水率高、与水泥相容性好，并且引气量较大。

（2）自密实混凝土对水泥的要求

水泥标号根据混凝土的试配强度等级选择，同时考虑与减水剂的相容性问题，通常自密实混凝土比普通混凝土水泥用量多、水泥标号高。

（3）自密实混凝土对骨料的要求

自密实混凝土对骨料也有较高的要求，《自密实混凝土设计与施工指南》规定，粗骨料最大粒径一般宜小于 20mm，针片状颗粒含量宜小于 10%，空隙率宜小于 40%；细骨料宜选用级配合格的中砂，砂的含泥量应小于 1%。

（4）超细矿物掺合料是配制自密实混凝土的必要条件

超细矿物掺合料是自密实混凝土配制不可缺少的材料，它们可以提高拌合物的流动性、减少水泥用量和水化热，并通过二次火山灰效应参与水化进程，提高混凝土后期强度。常用的超细矿物掺合料有粉煤灰、矿粉和硅粉，矿物掺合料的细度和吸水量是重要的参数，一般认为直径小于 0.125mm 的细矿物掺合料对自密实混凝土更有利，并且要求 0.063mm 孔径筛的通过率大于 70%。

4.2.2　C30 自密实混凝土配制

参照已有研究资料进行自密实 C30 混凝土试配，然后根据工作性能调整初始配合比，在流动性和稳定性之间找到合适的平衡点，使力学性能和工作性能都满足设计的要求。试配过程中，可以依次改变减水剂含量、胶凝材料总量、矿粉掺量和砂率来确定这些参数对自密实混凝土性能的影响，试配方案如表 4.1 所示。

表 4.1　C30 自密实混凝土试配方案

编号	水/（kg/m^3）	水泥/（kg/m^3）	矿渣/（kg/m^3）	砂/（kg/m^3）	石/（kg/m^3）	减水剂		水胶比	砂率/%
Scc-1	204.75	336.0	157.5	867.0	867.0	1.5%	6.94L	0.42	50
Scc-2	210.6	345.6	162.0	867.0	867.0	1.5%	7.25L	0.42	50
Scc-3	210.6	345.6	162.0	1040.4	693.6	1.5%	7.25L	0.42	60
Scc-4	214.8	352.5	165.9	1040.4	693.6	1.5%	7.41L	0.41	60
Scc-5	219.0	359.4	169.1	1040.4	693.6	1.5%	7.55L	0.41	60
Scc-6	219.0	359.4	169.1	953.7	780.3	1.5%	7.55L	0.41	55
Scc-7	225.3	369.8	173.3	1040.4	693.6	1.5%	7.75L	0.41	60
Scc-8	225.3	369.8	173.3	1040.4	693.6	1.8%	9.31L	0.41	60
Scc-9	231.6	380.1	178.9	1040.4	693.6	1.8%	9.58L	0.41	60
Scc-10	238.5	391.5	184.3	1040.4	693.6	1.73%	9.48L	0.41	60

其中原材料性能如下：水泥采用江南小野田水泥有限公司生产的普通硅酸盐 42.5 号水泥；矿物掺合料为磨细矿渣；细骨料用建筑河砂；粗骨料用普通建筑用小石子，最大粒径 15mm；减水剂采用上海麦斯特建工高科技建筑化工有限公司生产的聚羧酸类减水剂，型号为 PHELPLUS 25，根据厂家提供的资料，合适掺量为胶凝材料总质量的 0.8%～2.0%，减水率为 20%～30%。

各种不同配合比的混凝土 3d、7d、28d 的 150mm×150mm×150mm 立方体抗压强度如表 4.2 所示，可以看出，几种不同配合比混凝土强度发展情况相差不大，3d 强度为 28d 强度的 63%左右，7d 强度为 28d 的 75%左右，相对于普通混凝土，这些配合比均具有一定程度早强性能。28d 强度在 41.8～45.2MPa 变化，离散性不大，仅仅从强度上无法判断不同配合比的优劣，根据自密实混凝土工作性能，确定 Scc-8、Scc-9 和 Scc-10 为最终的 C30 自密实混凝土的配合比。

表 4.2　不同龄期 C30 自密实混凝土立方体抗压强度　（单位：MPa）

编号	3d	7d	28d
Scc-1	20.9	33.8	42.8
Scc-2	28.9	35.6	45.1
Scc-3	28.9	41.8	43.6

续表

编号	3d	7d	28d
Scc-4	28.8	36.4	44.7
Scc-5	29.3	36.2	44.5
Scc-6	28.9	35.6	44.9
Scc-7	28.2	36.0	41.8
Scc-8	28.4	33.5	45.2
Scc-9	28.5	34.2	45.2
Scc-10	31.1	33.3	43.1

4.2.3 自密实混凝土工作性能

自密实混凝土区别于普通混凝土的最大特点在于拌合物具有良好的工作性能，自密实混凝土工作性能主要包括流动性、保水性、抗离析性和钢筋间隙通过性等，通常这几项指标并不需要同时达到最佳程度，而是根据自密实混凝土的应用特点着重对其中一项或者几项内容做主要要求。

由于工作性能的显著差异，普通混凝土工作性能的测试方法和指标（如坍落度、针入度）已经不能满足自密实混凝土工作性能的需要。目前实验室和施工现场通常采用坍落度、坍落扩展度、T_{50cm}流动时间等参数，以及L形筒法、U形筒法、V形漏斗法、筛分法等方法其中的一种或几种组合来描述自密实混凝土拌合物的某方面工作性能。

（1）自密实混凝土流动性与填充性

其主要测试方法是坍落度试验和坍落扩展直径试验，测试方法简单易行，不需要额外特殊装置，试验方法与普通混凝土坍落度试验相同，只是混凝土装入坍落度筒时不需要振捣，主要指标是坍落扩展直径，坍落度大小只作参考。对坍落扩展直径的控制有4种级别目标：①坍落扩展直径为550～650mm，主要用于不配筋或者配筋量很少的混凝土结构，并且混凝土浇筑时从上至下浇筑，如混凝土板、隧道衬砌、灌注桩、钢管混凝土柱等；②坍落扩展直径为650～750mm，主要用于普通配筋混凝土结构，如墙、柱等；③坍落扩展直径为750～850mm，这种控制目标的自密实混凝土石子最大粒径宜小于16mm，主要用于密集配筋、形状复杂或者从模板下面浇筑的结构；④坍落扩展直径大于850mm，主要用于一些对混凝土流动性和填充性要求更高的部位和结构，如加固修补等场合，混凝土最大骨料粒径宜小于12mm，并且要特别注意保证高流动下的抗离析性。

（2）自密实混凝土黏聚力与流动性

其主要测试方法有T_{50cm}流动时间、V形漏斗和O形漏斗等方法。T_{50cm}流动时间是以混凝土从坍落度筒中流出摊平为直径50cm范围的流动时间作为评价指标。对 T_{50cm} 流动时间的控制有两个级别：① T_{50cm} 流动时间在 2s 以内，这样的自密实混凝土有很好的表面特征与良好的填充性，但拌合物容易发生离析；② T_{50cm} 流动时间大于 2s，这种混凝土可能会受表面气泡的影响，表面经常有孔洞现象，抗离析性好，对模板侧压力也比较小。一般高砂率、粗骨料粒径较小情况下，T_{50cm} 流动时间宜控制得小一些，尽量减少混凝土表面孔洞；反之，T_{50cm} 流动时间宜控制得大些，以增加抗离析性。

（3）自密实混凝土钢筋通过性

自密实混凝土应用于配筋密集结构时需要测试钢筋通过性，扁平构件中钢筋净距大于 80mm 或其他结构中钢筋净距大于 100mm 时，可以不测试钢筋通过性。

自密实混凝土钢筋通过性的测试方法有 L 形筒试验、U 形筒试验、J 形环试验和方筒填充试验等，应用较广的是 L 形筒试验和 U 形筒试验。L 形筒试验又可以分为筒口放置 2 根钢筋和 3 根钢筋两种方法，用混凝土流过钢筋后水平筒终止端与流出端的混凝土高度比来衡量拌合物的钢筋通过性，同时目测检查钢筋出口处是否有骨料堵塞现象。当构件钢筋间距为 80～100mm 时，宜采用 2 根钢筋的 L 形筒，控制目标为高度比大于 0.8；当构件钢筋间距为 60～80mm 时，宜采用 3 根钢筋的 L 形筒，控制目标为高度比大于 0.8；当钢筋间距小于 60mm 时，除了要求 3 根钢筋的 L 形筒测试满足高度比大于 0.8 的条件外，同时要限制石子最大粒径，并且要求钢筋处完全没有堵塞现象。

（4）自密实混凝土抗离析性

自密实混凝土流动性大必然造成抗离析性差，通常要专门测试抗离析性，在流动性和稳定性之间找到合理的平衡。

抗离析测试首先是目测混凝土坍落度试验中坍落扩展的混凝土中间是否有石子堆积、边缘是否有泌水现象。此外还有针入度法和筛分析法。针入度法原本用于黏性土的硬度试验，借鉴用于自密实混凝土抗离析性测试会有一些问题，例如，混凝土中存在较大粒径的粗骨料，针尖刺到粗骨料和针尖刺到水泥浆会导致完全不同的结果，当石子粒径较小时针入度法的测试结果更可信。

筛分析方法采用带 5mm 方孔的直径为 350mm 的标准筛，测试拌合物的筛通过量来反映抗离析性。具体做法是从预拌混凝土中取 10L 左右置于桶中，静置 15min 后将桶上部 4.8kg 左右的混凝土倒入方孔筛，称混凝土质量，120s 后把筛及其中混凝土移走，称量从筛孔流下的水泥浆质量，二者质量之比即为混凝土筛通过率。一般要求筛通过率小于 20%；当抗离析性要求严格时，筛通过率要求小于 15%。

在试验过程中发现，某些配合比的自密实混凝土虽然筛通过率小于 15%，但在坍落度扩展试验中，扩展开的混凝土中间仍然有石子堆积现象，产生这种现象是因为筛分析试验是评价水泥浆是否与砂产生离析，本质是自密实混凝土的保水性试验，而砂浆与石子是否离析则很难评价。目前通常的做法是对坍落度扩展试验和筛分析试验综合评价，从中得出自密实混凝土是否离析的结论。抗离析性更客观的试验方法尚需进一步研究。

不同配合比的自密实混凝土试配方案的工作性能测试结果如表 4.3 所示。试配中发现，自密实混凝土钢筋通过性受砂率影响较大，当砂率为 50%和 55%时，钢筋通过性较差，容易产生堵塞现象，当砂率提高到 60%时，几种配合比自密实混凝土都有很好的钢筋通过性。通过钢筋后 L 形筒水平筒前后端混凝土高度比主要取决于流动性，其他条件不变时，砂率提高后流动性和析水性降低，推测是砂率增加使比表面积增大造成的。

表 4.3　C30 自密实混凝土试配方案的工作性能测试结果

编号	坍落度/mm	坍落扩展直径/mm	T_{50cm}流动时间/s	L 箱试验 h_2/h_1	抗离析性	筛通过率/%
Scc-1	230	550/550	5.79	0	无离析现象，黏度太大	—
Scc-2	260	640/640	3.12	0	中间有骨料堆积，离析	7.9
Scc-3	250	480/480	>5	0.2	流动性差	0.6
Scc-4	260	620/510	>5	0.2	—	2.8
Scc-5	260	600/620	<5	0.9	—	2.4
Scc-6	260	640/600	<3	0	钢筋通过性不好	3.4
Scc-7	260	600/550	<3	>0.9	通过性好，流动性好	2.3
Scc-8	285	700/740	<3	>0.9	各项指标很好	5.1
Scc-9	270	730/730	<3	>0.9	各项指标很好	4.8
Scc-10	280	790/650	<3	0.91	流动性最大	8.1

在高砂率 60%的情况下增加单位用水量，以达到提高流动性的目的，当用水量增加到 225kg/m^3 以上时，再继续增加用水量对扩展度影响不大。要配置流动性更高的自密实混凝土，继续增加用水量已不再是明智的方法，转而采用增加减水剂用量来提高流动性，在用水量 225kg/m^3 不变的情况下减水剂掺量增加到 1.8%时，坍落扩展度直径达到 720mm，筛析率为 5.1%，坍落扩展试验中间无石子堆积现象，边缘无水分析出，L 形筒钢筋通过性试验水平筒中的混凝土前后基本流平，试验照片如图 4.1～图 4.3 所示。

综合各项工作性能指标，确定 Scc-8、Scc-9 和 Scc-10 为 C30 自密实混凝土的设计配合比。

图 4.1　自密实混凝土坍落扩展试验

图 4.2　L 形筒测试自密实混凝土钢筋通过性试验

图 4.3　自密实混凝土筛分析试验

4.3　自密实混凝土早龄期收缩性能试验研究

利用前面介绍的混凝土早龄期自由和约束收缩试验系统和方法，进行 C30 自密实混凝土早龄期干燥收缩、自收缩和约束收缩下力学性能的试验研究，试件全部为素混凝土试件。

自密实混凝土配合比采用试配的 Scc-10，这个配合比的自密实混凝土含水量较高、流动性大，早龄期收缩量与其他配合比相比更大，试验现象明显。3d、7d、28d 的 150mm×150mm×150mm 立方体抗压强度分别为 31.1MPa、33.3MPa、43.1MPa，早龄期强度发展较快，具有早强性能；坍落度筒测试坍落度为 280mm，坍落扩展度为 790mm，T_{50cm} 流动时间小于 3s，坍落扩展试验目测混凝土扩展均匀，中间没有骨料堆积、边缘没有泌水，抗离析性能较好；L 形筒测试钢筋通过性良好，钢筋处没有石子堵塞现象，水平筒 h_2 和 h_1 的比值为 0.91；筛分析试验测得的筛通过率为 8.1%。

自密实混凝土的早龄期收缩试验共进行 3 组，每组包括 2 个或 1 个自由收缩试件和 1 个约束收缩试件，第 1 组和第 2 组试验主要研究不同养护温度和不同干燥龄期下的收缩性能，第 3 组试验研究早龄期干燥收缩和自收缩的差异，试验持续龄期分别为 70d、48d、28d，如表 4.4 所示。

表 4.4　C30 自密实混凝土早龄期收缩试验方案

试验编号和龄期	自由收缩试件 1	自由收缩试件 2	约束收缩试件
试验 1，70d 龄期	干燥收缩，26℃，相对湿度 60%		约束干燥收缩，26℃，相对湿度 60%
试验 2，48d 龄期	养护 1d 后干燥，20℃，相对湿度 60%	养护 3d 后干燥 20℃，相对湿度 60%	约束干燥收缩，20℃，相对湿度 60%
试验 3，28d 龄期	干燥收缩，20℃，相对湿度 60%	自收缩 20℃，表面密封	

4.3.1　自密实混凝土在不同环境下干燥收缩

试验 1 在温度 26℃、相对湿度 60%的环境情况下进行，测试浇筑 1d 后拆模开始的自由干燥收缩应变，以及同样环境条件下非完全约束的约束干燥收缩应变，试验持续进行至龄期 70d，如图 4.4 所示。

试验 2 为标准状态下（温度 20℃、相对湿度 60%）的干燥收缩，一个试件湿养护 1d 后拆模开始干燥收缩测量，另一个试件湿养护 3d 后拆模开始干燥收缩测量，试验进行到龄期 48d，如图 4.5 所示，可以看出，自密实混凝土拆模后立即置于干燥环境和养护 3d 后暴露于干燥环境测得的收缩应变相差很大，养护 3d 后干燥收缩应变在龄期 3d、7d、28d、45d 分别为 25.3×10^{-6}、86.5×10^{-6}、211.5×10^{-6}、250×10^{-6}，为同条件下浇筑 1d 拆模后立即干燥试件的 18.9%、34.8%、49.8%、50.4%，从龄期 15d 以后，二者之比基本在 50%左右。由此可以得出一个重要结论，加强自密实混凝土前 3d 的早龄期养护极为重要，可以减小最终收缩应变达 50%。

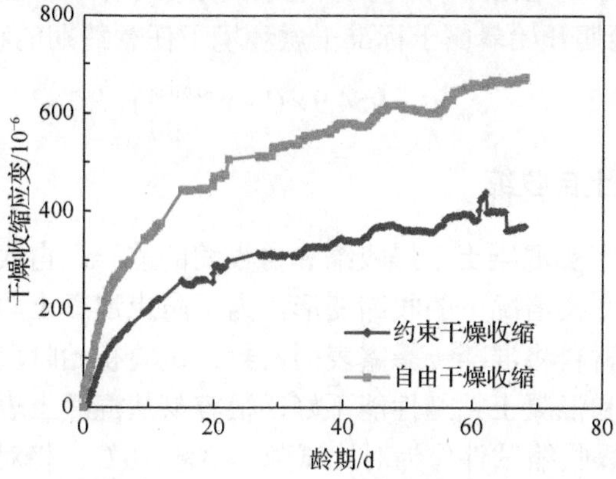

图4.4　26℃下自密实混凝土自由收缩应变和约束收缩应变随龄期的变化

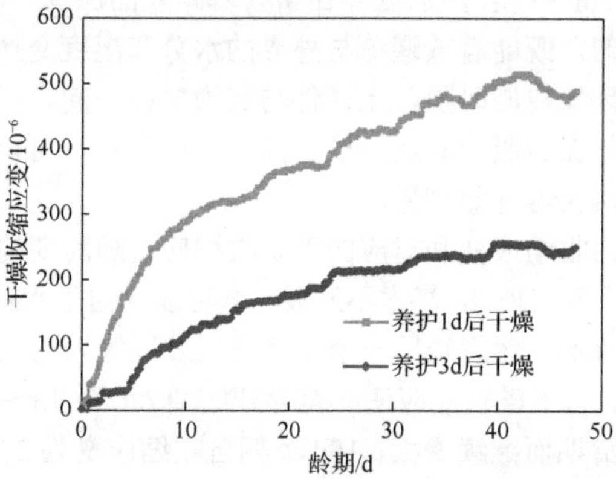

图4.5　自密实混凝土湿养护1d和3d后干燥收缩应变随龄期的变化

自密实混凝土标准状态下的干燥收缩应变如表4.5所示，28d平均收缩应变为424.2×10^{-6}，和同强度普通混凝土相比，减小近90×10^{-6}，在1d、3d、7d、14d的收缩值分别为28d的11.3%、27.3%、57.1%、78.1%，早龄期变形发展比普通混凝土稍快。此外，室温较高时，干燥收缩值较大，26℃比20℃时收缩值大20%。

表4.5　C30自密实混凝土标准状态下的干燥收缩应变

试验编号	干燥收缩应变/10^{-6}					
	1d	3d	7d	14d	28d	45d
试验2	39.8	134.2	248.7	320.2	424.4	486.6
试验3	55.7	97.3	235.8	342.4	424.0	
平均值	47.75	115.75	242.25	331.3	424.2	486.6

由混凝土28d收缩应变推测极限收缩应变，再由极限收缩应变和表4.5中的

试验数据按照最小方差理论回归，可以得到指数形式的C30自密实混凝土在标准干燥环境下从1d龄期开始暴露于标准干燥环境下任意龄期的收缩应变：

$$\varepsilon_{sh}(t) = 954.9 \times (1 - e^{-0.0186t}) \tag{4.1}$$

4.3.2 自密实混凝土自收缩

试验3研究自密实混凝土干燥收缩和自收缩的差异。自收缩是混凝土和外界环境之间没有水分交换情况下的收缩变形，为了防止混凝土与环境的水分迁移，用不透水、不透湿材料将混凝土暴露表面密封，试验初始阶段曾尝试用硅胶作为密封材料，但硅胶和混凝土粘结性能不好，很容易从混凝土表面脱落，后来改用环氧树脂密封。干燥收缩试件作为对比试验，室温20℃，相对湿度60%，试验进行至龄期28d。

混凝土浇筑后20h拆模，然后立即在所有暴露表面涂抹一层均匀的环氧树脂，树脂涂层要薄而均匀，既能有效避免与外界的水分和湿度交换，又不影响混凝土的收缩变形。涂抹环氧树脂时要防止试件与底模粘在一起，以免造成额外约束作用，在浇筑试件前就在混凝土和底模板之间铺一层塑料，可以有效防止粘连。环氧树脂硬化后，连接仪器开始测量。

自密实混凝土自收缩应变和对应的干燥收缩应变随龄期的变化如图4.6所示，可以看出，自收缩应变在前2d基本不发展，这可能是由于水灰比很大，内部游离状态自由水较多的缘故，然后经历一个收缩应变发展较为迅速的阶段，至龄期5d左右应变速率降低，与干燥收缩应变的差异开始增大，至13～15d基本达到稳定，之后几乎不再随着龄期而继续增大，15d龄期自收缩应变为242.5×10^{-6}，此时的干燥收缩应变为354.0×10^{-6}，自收缩应变为干燥收缩应变的68.5%；24d自收缩应变为 247.8×10^{-6}，对应干燥收缩应变为 426.8×10^{-6}，自收缩应变为干燥收缩应变的58.2%；之后干燥收缩应变仍然继续发展，而自收缩应变增长缓慢。

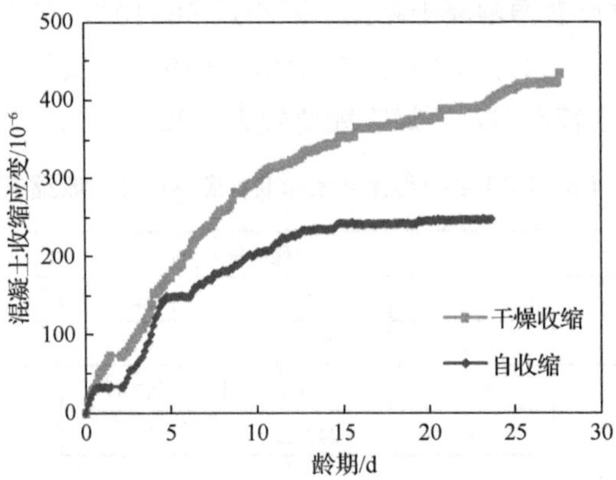

图4.6　自密实混凝土自收缩应变和干燥收缩应变随龄期的变化

4.3.3　自密实混凝土约束收缩

自密实混凝土约束收缩性能的试验研究共进行 2 个试件，一个是标准干燥条件下即室温 20℃、相对湿度 60%的约束收缩试件，另外一个是室温 26℃、相对湿度 60%下的约束收缩试验。

标准干燥条件下自密实混凝土约束应力随龄期的变化如图 4.7 所示。约束应力发展规律同普通混凝土相似，前 15d 的约束应力大小大致相当，但此后的时间，自密实混凝土约束应力发展开始变得缓慢，甚至在龄期 30d 以后还出现约束应力降低的现象，可能是由于自密实混凝土后期收缩应变较小，再加上约束应力作用下的徐变松弛增加而导致的，而前期收缩应变虽然比普通混凝土小，但前期刚度发展较快，因此前期的约束应力和普通混凝土相当。应力发展曲线上没有突然下跌的现象，表明自密实混凝土在标准干燥条件下没有开裂。

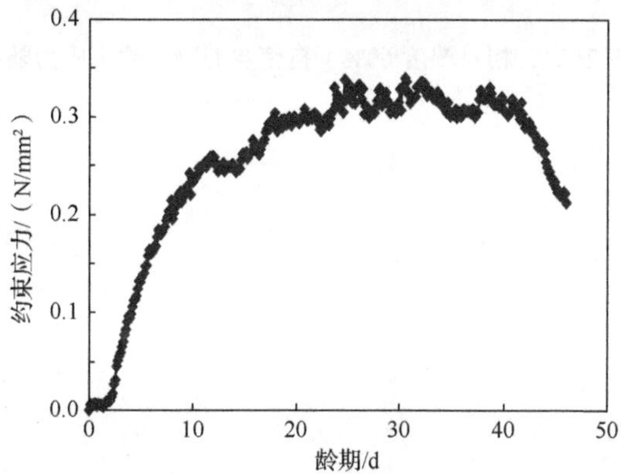

图 4.7　标准干燥条件下自密实混凝土约束应力随龄期的变化

在进行室温 26℃、相对湿度 60%下自密实混凝土约束收缩试验时，同时用位移传感器测量约束试件可移动端的实际收缩应变。约束状态下的实际收缩应变比较大，10d 以后基本维持在自由收缩应变的 60%左右，相应的约束度大约为 0.4 左右，可能是由于该组试件安装时约束框架螺栓拧紧程度不够造成的。

室温 26℃、相对湿度 60%下约束应力随龄期的变化如图 4.8 所示，前 15d 约束应力增长速率较快，之后应力增长速率趋于缓慢，60d 龄期时约束应力达到 0.65MPa，并且还有继续发展的趋势。该试件约束应力较大的原因，一方面是高温下干燥收缩变形比较大，这可以从自由收缩的试验结果得到证实；另一方面可能是由于自密实混凝土早龄期的刚度发展较快。

值得注意的是，这样的应力水平是在约束度只有 0.4 的情况产生的，若是干燥收缩变形被完全约束，按照约束度的概念大致推测约束应力还要扩大 2.5 倍，这样 60d 龄期就可以达到 1.6MPa，在这样的应力水平下，试件完全可能由于约束拉应力超过自密实混凝土的抗拉强度而出现裂缝，关于这方面的结论尚需进一步研究。

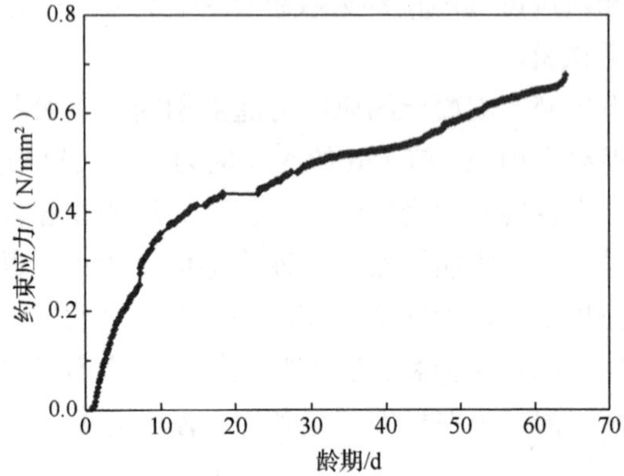

图 4.8　室温 26℃、相对湿度 60%下自密实混凝土约束应力随龄期的变化

第 5 章 混凝土早龄期相对湿度测量与分析

5.1 混凝土相对湿度测量现状

5.1.1 混凝土湿度的重要性

混凝土湿度的重要性首先在于湿度的发展变化是决定水泥水化进程的重要参数，与混凝土大多数物理力学性能相关；其次，混凝土早龄期温度变形、收缩变形、收缩应力和开裂等受湿度变化的影响很大，湿度变化是早龄期变形和应力发展的驱动力和原动力；此外，诸如钢筋锈蚀、碱骨料反应、冻融破坏、硫酸盐侵蚀等许多与耐久性相关的劣化失效模式的破坏机理和破坏程度都与混凝土内部湿度密切相关。

从理论上说，混凝土早龄期湿度的变化规律同温度有一定的相似性，较好地服从扩散方程，描述湿度扩散场的数学表达式与温度场基本相似，因此热传导边值问题的解法可以用到湿度扩散场的求解。但由于湿度扩散系数随着湿度变化而变化，湿度在混凝土内部扩散属于非线性问题，并且许多参数和边界条件常常难于确定，为数值解析带来很大困难。

寻求湿度场理论解析的同时，如何通过试验手段快速准确地测试混凝土内部湿度发展变化一直是个难点。针对传统插入式探头测量混凝土湿度方法的缺点，尝试采用 SHT71 温湿度一体数字式输出传感器，自行封装，开发相应的数据采集和指令处理系统，将封装后的湿度传感器芯片直接埋入混凝土中测量早龄期干燥收缩过程中内部相对湿度的变化，并建立混凝土内部相对湿度变化与收缩之间的关系。

5.1.2 湿度的基本概念

计量法中把湿度定义为描述物象状态的量，与湿度相关的几个物理量的概念如下。

相对湿度（relative humidity）：气体或孔隙中水蒸气含量（水蒸气压）与相同情况下该气体饱和水蒸气含量（饱和水蒸气压）的百分比，以 RH 表示：

$$\mathrm{RH}=\frac{\rho_{\mathrm{s}}}{\rho_{\mathrm{smax}}}\times 100\%=\frac{p_{\mathrm{s}}}{p_{\mathrm{smax}}}\times 100\% \tag{5.1}$$

式中：ρ_{s}、p_{s}分别为气体中水蒸气密度和水蒸气分压力；ρ_{smax}、p_{smax}分别为同温度、同压力下饱和水蒸气最大密度和饱和水蒸气最大分压力。混凝土材料的诸多参数中，内部相对湿度是一个非常重要但又难以准确描述的参数。

绝对湿度（absolute humidity）：单位体积气体中含有水蒸气的质量，其单位为 $\mathrm{g/m^3}$。

饱和水蒸气压力（saturation vapor pressure）：气体中所含水蒸气的量是有限度的，达到极限状态即可称之为饱和，此时的水蒸气压称为饱和水蒸气压力。

露点温度（dew point temperature）：在给定的压力下，未饱和气体通过降温达到饱和状态时的温度。露点实质上是用温度单位表示的湿度指标，露点越低，表明气体越干燥，相对湿度越小。露点受气压的影响而与温度无关。

一般情况下如不做特殊说明，我们所说的湿度大多指相对湿度，绝对湿度只能说明湿气体中实际所包含水蒸气的量，而相对湿度却能说明湿气体吸收水蒸气的能力及其潮湿程度。温度和压力的变化将导致饱和水蒸气压、相对湿度和绝对湿度的变化，因此提及湿度时一般要指明相应的温度和压力状态。

5.1.3 湿敏元件及湿度传感器

最简单的湿度传感器由一个单一湿敏元件构成，湿敏元件主要有电阻式和电容式两类。

湿敏电阻的原理是在基片上覆盖一层感湿材料薄膜，当水蒸气吸附在感湿薄膜上时，元件电阻值发生变化，利用这一特性即可测量湿度。按照感湿材料种类不同，湿敏电阻可分为金属氧化物湿敏电阻、硅湿敏电阻、陶瓷湿敏电阻等。湿敏电阻灵敏度比较高，但线性度和产品互换性差。

湿敏电容一般是用高分子薄膜电容制成的，当环境湿度发生改变时，电容的介电常数发生变化，电容量也发生变化，电容变化与相对湿度成正比。湿敏电容的优点是灵敏度高、产品互换性好、响应速率快、湿度的滞后小，便于制造，易于小型化和集成化，但精度一般比湿敏电阻低。

除电阻式、电容式湿敏元件之外，还有电解质离子型湿敏元件、重力型湿敏元件、光强型湿敏元件、声表面波湿敏元件等。当前，湿敏传感器的发展趋势是从简单的湿敏元件向集成化、智能化、多参数检测的方向发展。

5.1.4 传统混凝土测量湿度方法及问题

混凝土内部湿度可以用相对湿度和绝对湿度描述，对应的测量手段分别是插入式探头相对湿度测量法和质量损失法。

插入式探头相对湿度测量法采用湿敏元件探头插入混凝土成型时的预留孔隙或钻孔，认为当孔内湿度平衡后测孔湿度就是混凝土的内部湿度，一般探头做成温、湿度耦合的，既能测量湿度，也能测量温度，可以自动进行温度补偿，试验方法和装置如图 5.1 所示。

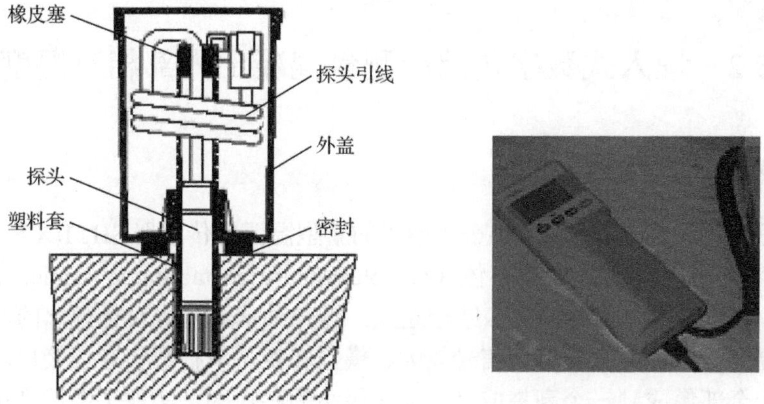

（a）测量方法　　（b）数值显示装置

图 5.1　插入式探头混凝土内部相对湿度测量方法和装置

插入式探头混凝土内部相对湿度测量方法操作简单，实现容易，20 世纪 40 年代国外首次应用于混凝土，经过多年的发展，在传感器种类、测量精度等方面不断改进和提高，目前仍是混凝土内部相对湿度测量常用和普遍的方法，但该方法存在如下问题。

1）温度差异问题：由于湿度对温度的耦合性，测量湿度时须进行温度补偿，国外的研究资料表明，温度每偏差 1℃，可能导致相对湿度偏差 6%左右。插入式探头测湿方法的补偿温度只能采用测孔的空气温度，而不是混凝土内部实际温度，我们知道，混凝土表层温度与贴近混凝土表面的大气温度是有差异的，根据笔者在现场和实验室混凝土温度监测中的资料，该温差可能达 2～5℃，甚至更大，由此导致的相对湿度测量误差比较大。

2）测量精度问题：混凝土内部的相对湿度是针对混凝土内部的微小孔隙而言的，插入式探头测湿法预留的较大测孔必然对混凝土内部微小孔隙的湿度造成稀释作用，这在多大程度上影响测量结果和精度，尚不明确。另外，湿度探头现场标定困难，这也会影响测量精度。

3）测量效率问题：插入式湿度探头及配套的数显装置都比较昂贵，一般 1 套测湿设备只配备一两个湿度探头和 1 个数字显示仪，在单点测量时，不会有太大问题，但在多点测量时，需要在不同的测孔中轮换使用测湿探头，这就存在测孔密封、孔内达到湿度平衡的时间滞后等问题，影响测量效率和精度。插入式探头测湿法只适于手工操作，无法实现多测点长期、自动监测。

综上所述，现有插入式探头混凝土内部相对湿度测量方法在一定程度上存在着测量精度低、测量速率慢、重复性差、效率低、难于应用于现场大批量测点同时监测等缺点，有必要开发新的混凝土内部相对湿度的测量方法和系统。

5.2　埋入式数字传感器测量混凝土内部相对湿度

5.2.1　数字式温湿度传感器

盛思锐(Sensirion)贸易有限公司推出的新型温湿度传感器SHT1/X和SHT7/X系列，将互补金属氧化物半导体（complementary metal oxide semiconductor，CMOS）芯片技术与传感器技术结合起来，是一种基于智能设计理念的新型传感器，将温度传感、湿度传感、信号放大、模数转换、串行数字通信接口、数字校准等功能全部集成到一个高集成度、体积极小的芯片中，实现了温湿度传感器的数字式输出，并且免调试、免标定、免外围电路，具有反应迅速、高精度、低功耗的特点，在数字式温湿度测控领域有着广阔的应用前景。

本试验选用带引脚的SHT71型，外形及内部结构框架如图5.2所示，是由多个传感器模块组成的单片全校准数字输出相对湿度和温度传感器，整个芯片包括校准的温度和相对湿度传感器，传感器核心由一个电容性聚合体测湿敏感元件和一个用能隙材料制成的测温元件组成，它们与一个14位的模数转换器相连，此外还有总线串行接口电路。每一个传感器都是在极为精确的湿度室中进行校准过的，校准系数预先存在传感器内存中，在湿度测量和校准的全过程中会自动调用这些系数。

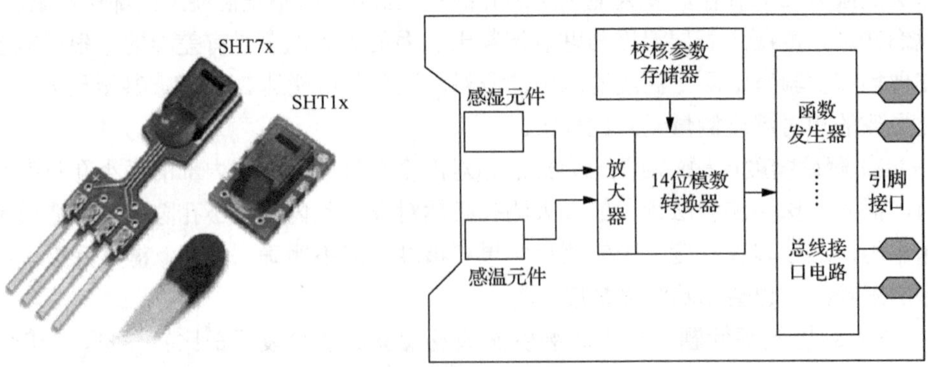

（a）外观图　　（b）结构框架图

图5.2　SHT71数字式温湿度传感器外形和内部结构

SHT1/X 和 SHT7/X 系列数字式湿度传感器的技术优势在于：首先，利用微型结构检测电极系统与聚合物覆盖层组成了传感器芯片的电容，除保持电容式湿敏器件的原有特性外，还可抵御外界环境影响而对传感器进行保护，即使将传感器浸入到液体中也不会对传感器造成损坏，同时将温度传感器与湿度传感器结合成一体，测量精度提高并且可以直接得出露点值，不会产生由于温度传感器与湿度传感器之间随温度梯度变化而引起的误差；其次，将传感器元件、信号放大器、模数转换器、校准数据存储器、总线等全部集成在一个只有几平方毫米的芯片上，使信号强度增加、抗干扰性增强，长期性和稳定性得到保证，尤为重要的是每只传感器芯片内装载针对该传感器的校准数据，保证了每个湿度传感器的输出具有100%的一致性和互换性；最后，传感器可以直接通过总线与任何种类微处理器、微控制器系统接口，减少了接口开发时间和硬件成本。

5.2.2　埋入式传感器测量相对湿度方法

SHT71 数字传感器的单排 4 个引脚分别是输入串行时钟线、电源线、双向数据线和接地线，使用前焊接引线到引脚上，焊接时不能持续高温，最高焊接温度350℃下接触时间不能超过 5s，以免损坏传感器内部电路和数据。焊接后将传感器放置自然环境至少 48h，以保证湿敏元件表面聚合物的重新水合。然后将引脚和引线的焊接部分全部用树脂密封，防止湿度过大时水分引起短路造成传感器损坏，密封时要特别注意不能将树脂涂抹到传感器的感湿探头上，以免探头无法感湿。这样封装后的数字式传感器即便放入水中或者直接埋入混凝土中，都能正常工作而不会损坏。

湿度传感器通过焊接的引线接入专门开发的多功能数据采集系统，再通过串行接口接入计算机，由计算机软件设置采集参数，就可以进行相对湿度和温度的测量了。

浇筑混凝土时预埋不同深度的细塑料套管，套管埋入混凝土的一端用透水、透气的布封住，防止粉尘进入，套管另一端伸出混凝土试件表面，浇筑后立即把封装焊接好的温湿度传感器及其引线从细塑料套管中插入混凝土内部，接口处用防水胶布和硅胶树脂密封。每组试验结束后割开细塑料套管的封头，缓慢拉出传感器及引线供下组试验继续使用。这样既可以保证浇筑后马上维持测孔内的湿度平衡，使得相对湿度的测量从浇筑后就可以开始；又可以重复使用传感器，节约试验成本。试验照片如图 5.3 所示。

图 5.3 埋入式传感器测量混凝土内部相对湿度试验

5.2.3 埋入式数字温湿度测量系统特点

埋入式数字温湿度传感器测量混凝土内部相对湿度的试验系统和方法，与传统的插入式探头测湿法相比，具有以下特点。

1）数字式温湿度传感器改变了传统的模拟信号传感器需要专门设计信号调理电路，且须经过复杂的校准、标定过程，在测量精度、线性度、可重复性、互换性等方面有质的提高。

2）数字信号可以避免引线电阻、电容等对相对湿度测试结果的影响，引线可以任意长，方便测量现场的施工布线。

3）混凝土内部相对湿度测量、温度测量、露点测量由一个集成传感器实现，可以提高测量效率。

4）由于数字式传感器体积很小并且采用埋入式方法，消除了插入式探头测湿法中较大测孔对混凝土内部相对湿度的稀释作用和测孔内湿度平衡的滞后现象。

5）湿度测量过程中，控制指令的发出和执行、湿度的温度补偿和校准等，均在计算机控制下自动进行，人工干预行为少，自动化程度高，采集效率和速度大大提高，试验成本低，特别适用于现场大批量测点同时监测。

综上所述，埋入式数字温湿度传感器测量混凝土内部相对湿度的试验系统和方法，与传统的插入式探头测量混凝土内部相对湿度方法相比，具有体积小、自动化程度高、准确、快速、高效、适于现场多测点同时监测等特点，为混凝土内部相对湿度测试提供了一个新的捷径和方法。

5.3　混凝土早龄期内部相对湿度测试与分析

5.3.1　早龄期相对湿度测试结果

采用埋入式数字传感器混凝土内部相对湿度测量系统，进行早龄期干燥收缩变形过程混凝土内部和靠近表面处相对湿度发展变化的试验研究。每个试件布置两个测点，一个是在混凝土截面中心点处，距上表面 50mm，另外一个在靠近上表面处，距上表面 15mm，两个测点都在试件宽度方向的中心。

C30 普通混凝土早龄期干燥收缩过程中内部相对湿度随龄期的变化如图 5.4～图 5.6 所示，可以看出，普通混凝土内部相对湿度的发展经历 3 个阶段。

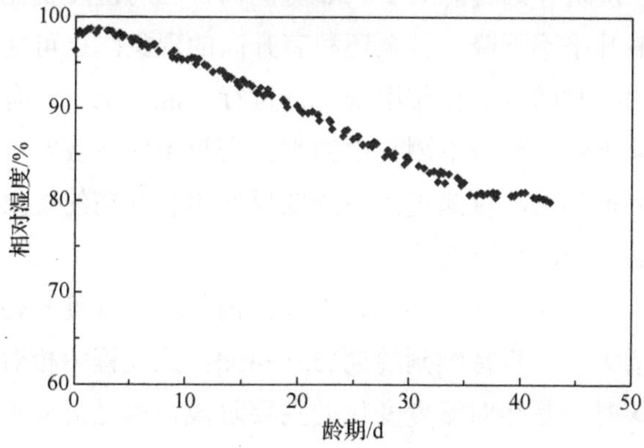

图 5.4　C30 普通混凝土内部相对湿度随龄期的变化（C30-0）

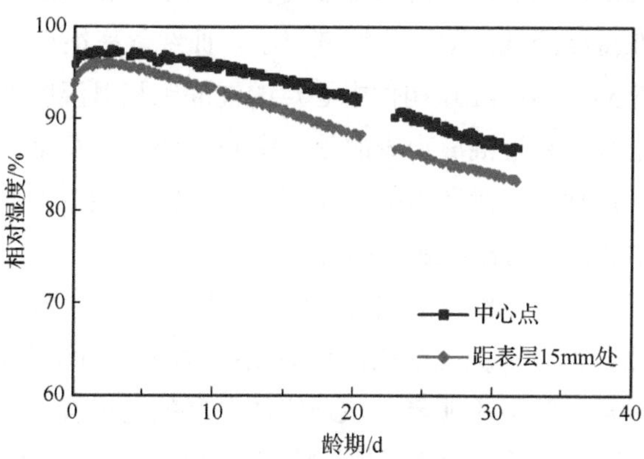

图 5.5　C30 普通混凝土内部相对湿度随龄期的变化（C30-2d）

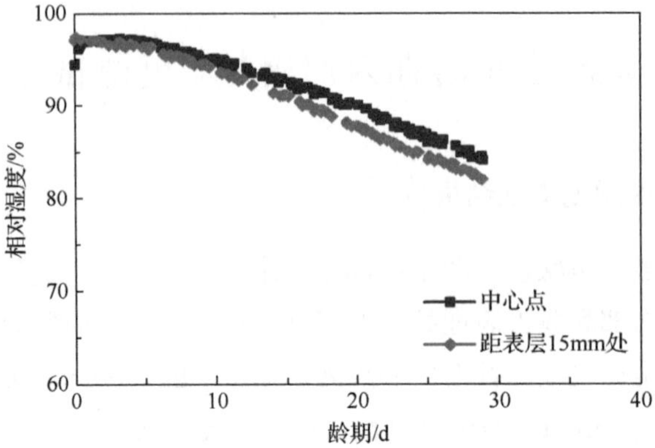

图 5.6　C30 普通混凝土内部相对湿度随龄期的变化（C30-3c）

第一阶段，从浇筑开始到龄期 2～3d 时间内，相对湿度变化缓慢，随着龄期的增加相对湿度值几乎不下降，甚至还稍有升高的现象。这可能由于普通混凝土水灰比较大，2～3d 时间内水化作用未充分进行，混凝土中含有较多的游离水造成的；此外，混凝土泌水作用下测孔中的水在密封条件下散发不出去也可能是另外一个原因。早龄期相对湿度测量值不降低反而稍有升高的现象可能是测孔中完全达到湿度平衡的时间滞后造成的。

第二阶段，是从浇筑后 2～3d 后，混凝土内部相对湿度开始显著降低，曲线的下降斜率明显增大，一直持续到龄期 35～40d，此过程中相对湿度随龄期的发展呈线性下降。该时段是相对湿度变化的主要阶段，也是混凝土收缩变形发展的主要阶段。

第三阶段，35d 龄期以后，内部湿度变化趋于平缓和稳定，虽然随着龄期的发展相对湿度还在持续降低，但变化幅度很小，曲线斜率很小。

从图 5.5 和图 5.6 可以看出，构件中心点的混凝土相对湿度受外界干燥环境影响小，相对湿度值高于靠近混凝土表面处，中心点处和离表面 15mm 处相对湿度值相差 3%～5%，试件在干燥环境中 1 个月以后，靠近混凝土表面处相对湿度值为 80%～85%，中心点相对湿度在 85%左右。

C60 高强混凝土干燥过程内部相对湿度随龄期的变化如图 5.7 和图 5.8 所示。和普通混凝土相比，由于水灰比较低，早龄期相对湿度下降较快，普通混凝土湿度发展三阶段中的第一阶段不明显。从最终的发展的趋势看，上表层测点受外界干燥环境影响大，湿度降低比中心点快，龄期 10d 后二者之差稳定在 5%左右。高强混凝土干燥 1 个月龄期后的相对湿度比普通混凝土稍低。

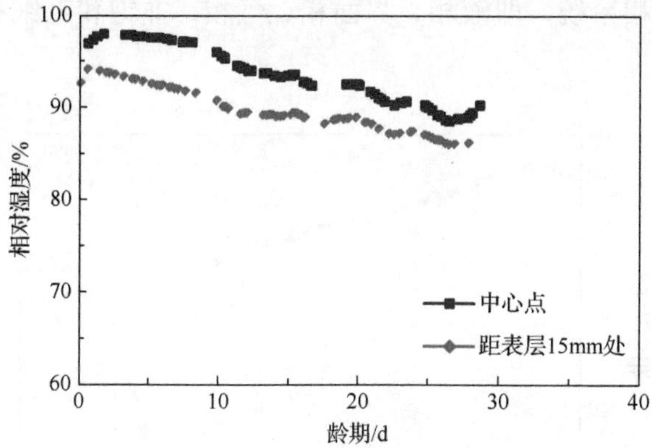

图 5.7　C60 高强混凝土内部相对湿度随龄期的变化（C60-1d）

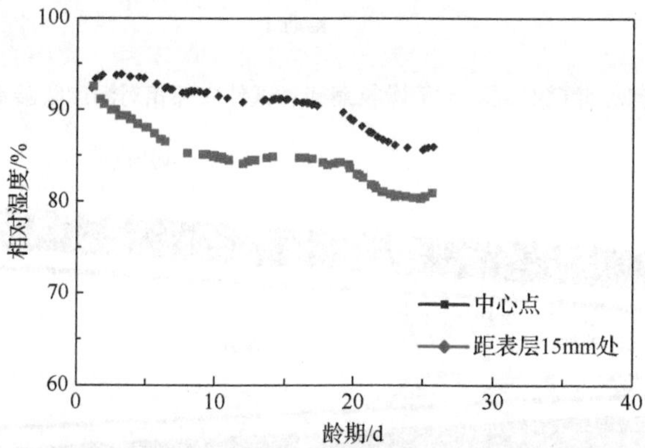

图 5.8　C60 高强混凝土内部相对湿度随龄期的变化（C60-3c）

自密实 C30 混凝土干燥收缩密封试件内部相对湿度随龄期的变化如图 5.9 所示，湿度变化曲线同样具有三阶段特性。与普通混凝土相比第一阶段更明显，持续时间更长，由于其水灰比较大，测量开始的前几天由于混凝土拌合物中大量自由水的存在，内部相对湿度几乎不下降；当混凝土中自由水分消耗殆尽后，相对湿度降低速率加快，最后维持在一个较为稳定的水平，28d 内部相对湿度为 85%，从发展趋势上看，应该还会继续降低一些，由于时间限制试验中止。

混凝土干燥收缩过程的相对湿度变化可以用微孔结构中水的状态和水分迁移理论来解释。混凝土中的孔隙主要包括凝胶孔、毛细孔和大孔。水在混凝土中按照存在形式可分为两大类，即可蒸发水和不可蒸发水。可蒸发水是可以从混凝土中扩散出去或能参与水化反应的，而在实现完全干燥平衡后仍保留在混凝土中的水则是不可蒸发水。可蒸发水一般存在于毛细孔和大孔中，毛细孔系统可以看作三相系统，即液相、界面相、气相，非饱和毛细孔中水的状态如图 5.10 所示。

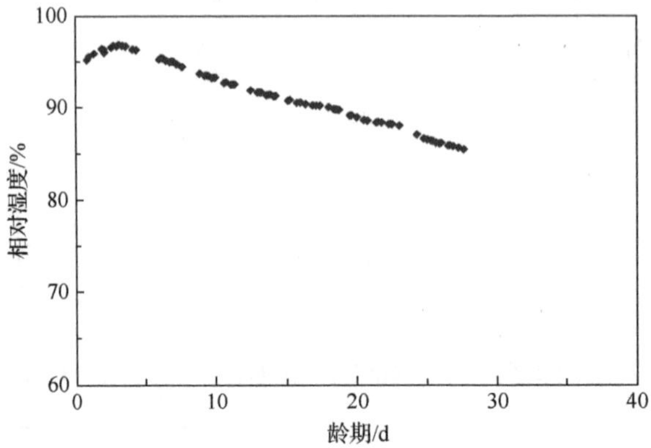

图 5.9　自密实 C30 混凝土干燥收缩密封试件内部相对湿度随龄期的变化

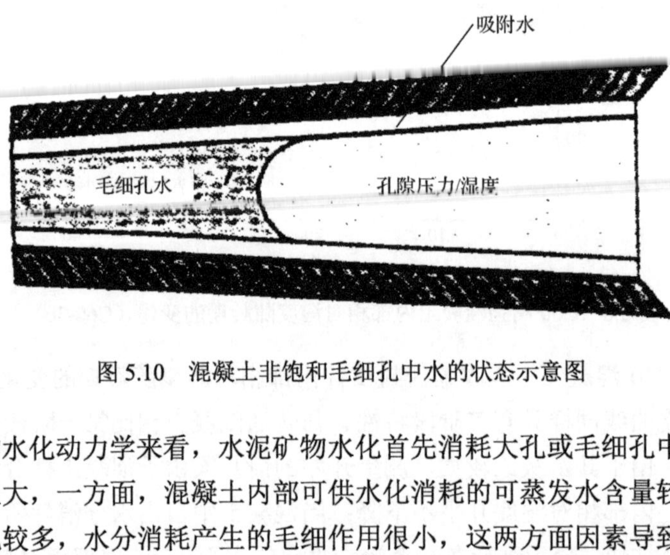

图 5.10　混凝土非饱和毛细孔中水的状态示意图

从矿物水化动力学来看，水泥矿物水化首先消耗大孔或毛细孔中的水分，如果水胶比很大，一方面，混凝土内部可供水化消耗的可蒸发水含量较高，另一方面内部大孔较多，水分消耗产生的毛细作用很小，这两方面因素导致高水灰比的普通混凝土和自密实混凝土在干燥的初期湿度几乎不降低，下降趋势明显向后延缓。但对于低水胶比的高强、高性能混凝土，水泥水化引起的自干燥使得内部产生微小毛细孔，混凝土内部可供水泥继续水化的可蒸发水含量少，未水化水泥多，水泥继续水化使得毛细孔迅速变空，相比之下，初期相对湿度下降较快。

5.3.2　干燥收缩与相对湿度关系

混凝土的宏观收缩源于微观孔结构的水分迁移，相对湿度的变化可以反应微观结构水分迁移的过程，混凝土干燥收缩变形和相对湿度之间应该存在一定的关联。研究混凝土干燥收缩与相对湿度的关系，对于预测、控制和改善混凝土早龄期收缩与开裂具有重要意义。

受相对湿度测量方法和试验手段的限制，关于混凝土干燥收缩过程内部相对湿度变化的系统研究不多，研究两者之间的相互关系与变化规律的更少。本书在采用埋入式数字温湿度传感器测量混凝土内部相对湿度变化的基础上，给出普通混凝土、高强混凝土和自密实混凝土的收缩应变和相对湿度变化之间的关系。

C30 普通混凝土干燥收缩应变和内部相对湿度变化的关系如图 5.11～图 5.13 所示，C60 高强混凝土干燥收缩应变和内部相对湿度变化的关系如图 5.14 和图 5.15 所示，SCC30 自密实混凝土干燥收缩应变和内部相对湿度变化的关系如图 5.16 所示。从图中可以看出，除了试验开始的前 2d 混凝土内部相对湿度增加同时收缩应变增大造成曲线弯曲外，2d 龄期以后的趋势都是随干燥收缩应变增加内部相对湿度下降，并且二者存在显著线性关系，可以用如下公式表示：

$$\varepsilon_{\mathrm{sh}}(\mathrm{RH}) = a \cdot \mathrm{RH} + b \tag{5.2}$$

式中：$\varepsilon_{\mathrm{sh}}(\mathrm{RH})$ 为某龄期混凝土的干燥收缩应变；RH 为该龄期混凝土内部的相对湿度；a、b 为试验回归系数，取决于混凝土材料种类和养护条件。a 为直线斜率，代表干燥收缩应变对相对湿度变化的敏感性或快慢程度；b 为直线的截距，从数学上是表示混凝土内部相对湿度为零时的干燥收缩值，实际上混凝土内部相对湿度不可能为零，但 b 值的大小能够反映混凝土最终干燥收缩量的大小。

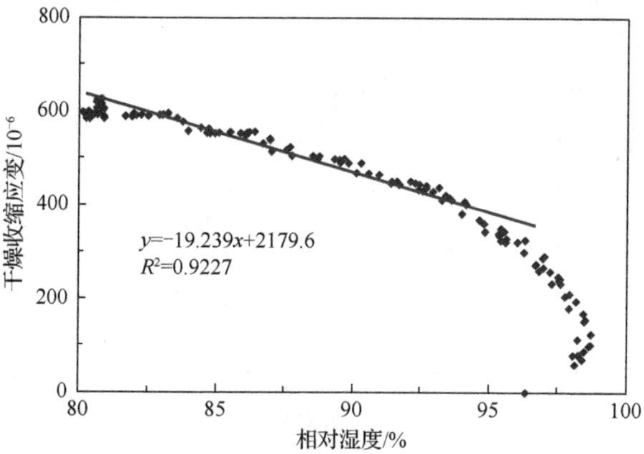

图 5.11　C30 普通混凝土干燥收缩应变和内部相对湿度变化的关系（C30-0）

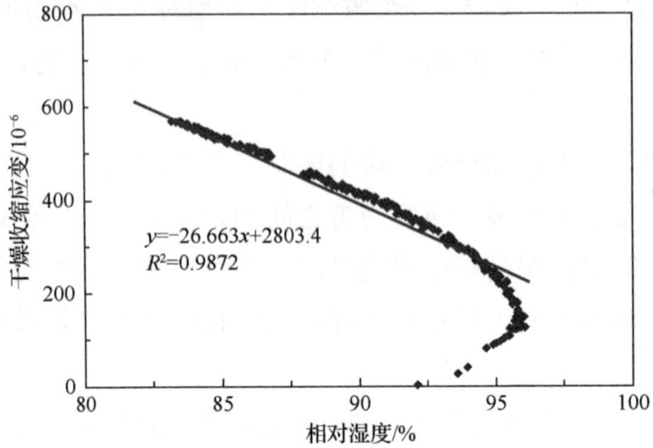

图 5.12　C30 普通混凝土干燥收缩应变和内部相对湿度变化的关系（C30-2d）

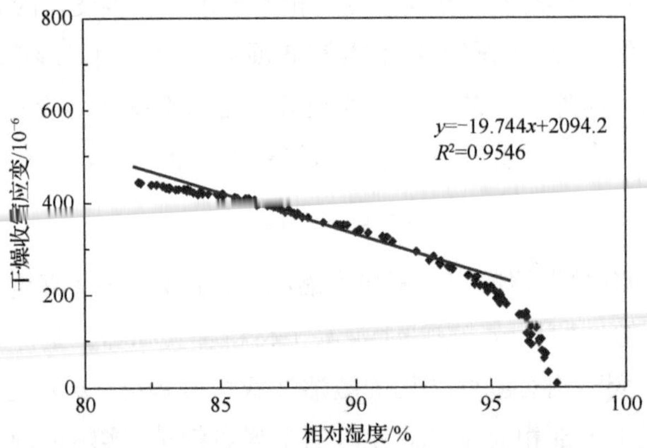

图 5.13　C30 普通混凝土干燥收缩应变和内部相对湿度变化的关系（C30-3c）

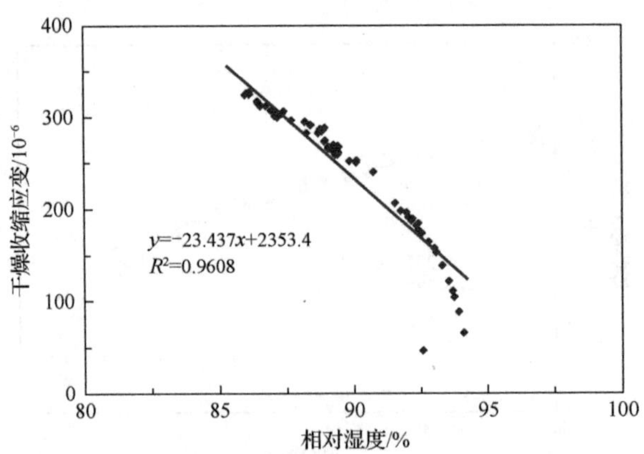

图 5.14　C60 高强混凝土干燥收缩应变和内部相对湿度变化的关系（C60-1d）

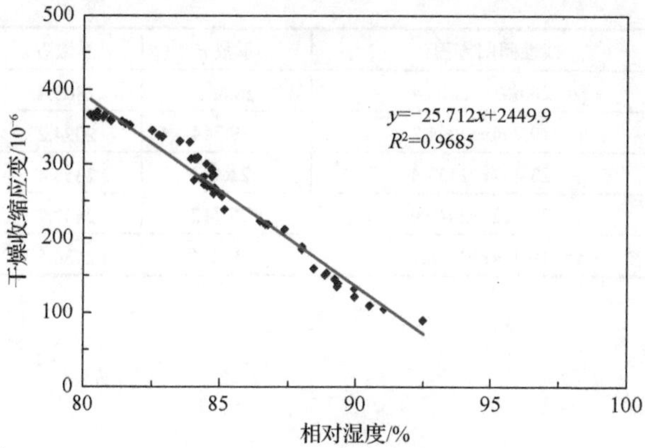

图 5.15　C60 高强混凝土干燥收缩应变和内部相对湿度变化的关系（C60-3c）

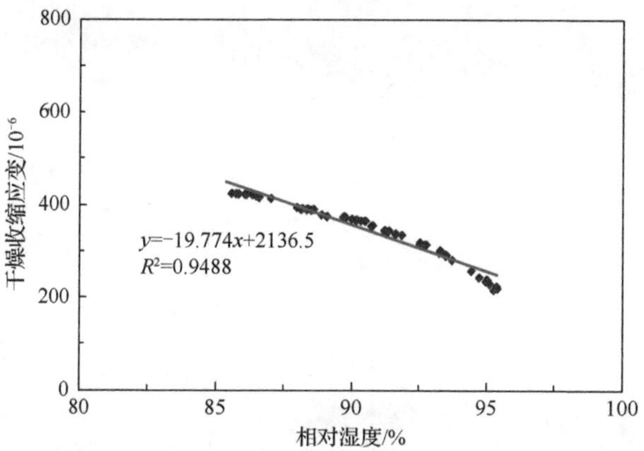

图 5.16　SCC30 自密实混凝土干燥收缩应变和内部相对湿度变化的关系

回归方程的适用条件是混凝土龄期大于等于 2d，或者干燥收缩应变 ε_{sh}(RH)大于等于 100×10^{-6}，这样可以避开干燥初始 2d 内相对湿度增加收缩应变也同时增加造成的曲线弯曲现象。前 2d 的曲线弯曲很可能是由于水灰比较大情况下，混凝土中过多的游离水引起的，因为低水灰比的高强混凝土中这种弯曲现象不明显；也有可能是由于早龄期测孔的泌水作用或者孔内湿度平衡滞后引起的。

不同组别试件的干燥收缩应变和内部相对湿度变化的线性回归结果如表 5.1 所示。可以通过混凝土内部相对湿度的大小预测收缩应变，或者通过干燥收缩应变大致估算混凝土内部相对湿度。

表 5.1　混凝土干燥收缩应变和内部相对湿度变化的线性回归结果

试件编号	线性回归方程	系数 a	系数 b	决定系数 R^2
C30-0	y=−19.239x+2179.6	−19.239	2179.6	0.9227

续表

试件编号	线性回归方程	系数 a	系数 b	决定系数 R^2
C30-2d	y=−26.663x+2803.4	26.663	2803.4	0.9872
C30-3c	y=−19.744x+2094.2	−19.744	2094.2	0.9546
C60-1d	y=−23.437x+2353.4	−23.437	2353.4	0.9608
C60-3c	y=−25.712x+2449.9	−25.712	2449.9	0.9685
SCC30	y=−19.774x+2136.5	−19.774	2136.5	0.9488

第 6 章　防辐射混凝土早龄期性能和耐久性试验研究

6.1　防辐射混凝土技术概论

6.1.1　防辐射混凝土技术背景

防辐射混凝土又称射线屏蔽混凝土、核能防护混凝土、核反应堆混凝土或重混凝土，通常采用普通水泥或密度较大、水化后结合水含量较多的水泥与表观密度较大的粗骨料或结合水含量较高的重骨料通过一定的配合比配制而成，表观密度可达 2800～7000kg/m^3，能有效屏蔽α、β、γ、X 和中子射线。防辐射混凝土作为一种功能性混凝土，常作为原子核反应堆安全壳、核电厂房、核污染水及核废料临时或永久存储设施或其他具有放射性装备建筑物的射线屏蔽防护材料，在核电工程、军事工程、人防设施、医疗设施等众多领域得到了广泛应用（孙蓓等，2017；邹秋林等，2012）。

防御的射线主要包括α、β、γ、X 和中子射线。α、β射线穿透能力较低，容易被屏蔽吸收，较小厚度的防护材料就能起到很好屏蔽效果，一般密实的混凝土均能防御。γ、X 射线能穿透人体和建筑物，危害距离远，混凝土厚度一定时，表观密度越大的混凝土对射线吸收能力越强，因此，防止γ、X 射线需要防辐射混凝土具有较高的表观密度。中子射线穿透能力强，对细胞杀伤力远强于γ、X 射线，且不可修复。中子射线按照能量可分为快速中子、中速中子和慢速中子，可以通过与重原子核碰撞实现对快速中子的屏蔽减速，对中速中子和慢速中子屏蔽则需要轻元素，如氢原子、硼原子、含有原子的水等中子吸收剂。由此可见，防辐射混凝土主要采用重晶石、磁铁矿、褐铁矿等重金属含量较高的材料作为粗细骨料，具有较大的表观密度，还应含有足够数量的结晶水及轻元素，同时要提高水泥石密实度，降低孔隙率，保证防辐射混凝土耐久性和长期稳定性（潘智生等，2011）。

全球不可再生的化石能源十分匮乏，为达到节能、环保、减排的目标，许多国家都在大力发展核电能源。我国也正在大力发展清洁电源，其中核电是全国电源结构调整的主攻方向，投资规模将大大超过常规电厂。国家对核电发展的战略由“适度发展”到“积极发展”，在此背景下，我国核电能源将获得很好的发展机遇。伴随着经济持续增长，用电需求不断增加，核电有望从沿海转向内陆。我国成为全球新建核电项目的主导力量，先后与阿根廷、巴基斯坦、英国、法国、肯尼亚、泰国、沙特阿拉伯、巴西、柬埔寨和越南等国家签署合作建设协议。

安全性一直是制约和困扰核电技术发展的关键。原子核反应产生的大量α、β、γ、X 和中子射线能够诱发癌症、白血病、不育症和生育缺陷等多种人类绝症，诱发动植物基因变异，危害农作物生长，且潜伏期长，短时间内无法消除和控制。

核事故一旦发生，将会造成灾难性破坏。1986 年 4 月苏联切尔诺贝利核事故造成了大半个欧洲受害、2500km^{2}土地不能居住、10 万人不得不背井离乡大迁移的悲剧，死伤不计其数（吴德昌，1992）。2011 年 3 月日本福岛核电站，由于地震和海啸等极端自然灾害导致供电中断、厂区淹没、冷却系统失效、核蒸汽泄漏、堆芯熔化、反应堆厂房爆炸的严重核事故，抢险救灾活动不能有效展开，事故不断升级，周围 20km 居民全部迁移成为无人区。福岛核事故主要教训之一就是大量核污染水的处理问题：在事故初期，为减小事故扩展，向其 4 台机组的反应堆、安全壳和核乏燃料水池内注入大量淡水和海水来对系统冷却，随着放射性物质泄漏，核污染水处理问题逐渐显现，大量核污染水被直接排入海中，对周边国家的环境、生态、大气、海洋、农业、渔业造成重创。

为防止射线对人体的伤害，在建造有辐射源的建筑时，必须设置防护体。迄今为止，防辐射材料一般包括钢板、铅板、水和混凝土等几种。其中铅和钢对 X、γ射线具有较好的屏蔽作用，铅板徐变大，荷载较大时不宜使用，且来源少、成本高；钢板的力学性能好，但施工性能差，易腐蚀；水对中子射线有良好的屏蔽效果，成本低，但难以定型，不易控制；混凝土防护性能好，原材料来源广泛，价格低廉，便于施工，形状尺寸可控。因此，辐射防护材料中，混凝土技术经济综合效果最佳，成为目前使用最广泛、经济的辐射屏蔽防护材料，用于制作核反应堆内外壳、核乏燃料和核污染水临时或永久存储设施，以及用作核废料固化处理材料。表 6.1 为各种防辐射材料防辐射效果及性能比较（叶栋等，2015）。

表 6.1　各种防辐射材料防辐射效果及性能比较

材料	防辐射效果	性能	经济性
铅板	对 X 射线和γ射线屏蔽效果好，对中子射线屏蔽效果差	徐变大，不易施工	成本高
钢板	对 X 射线和γ射线的屏蔽效果较好，对中子射线屏蔽效果差	力学性能好，耐腐蚀、耐高温性能差	成本较高
水	对中子射线屏蔽效果好	所需厚度大，液体水防护层难以施工和成型	成本低
玻璃、陶瓷	对 X 射线和γ射线屏蔽效果较好，对中子射线屏蔽效果较好	易施工，不耐高温，耐久性和抗老化性差	成本较高

续表

材料	防辐射效果	性能	经济性
聚合物	对 X 射线和γ射线屏蔽效果较好，对中子射线屏蔽效果较好	易施工，不耐高温，耐久性和抗老化性差	成本较高
混凝土	对 X 射线、γ射线和中子射线均有较好的屏蔽效果	力学耐久性能好，来源广泛，便于施工	成本低

核电技术发展存在两方面安全问题，一是如何提高防辐射混凝土的射线屏蔽能力，二是对于日益增多的核废料目前还没有稳定可靠的处理方法。核废料又称核乏燃料，是核燃料在核反应堆装置中燃烧后残留的灰渣，具有极强烈放射性，半衰期长达数千年、数万年甚至几十万年，核污染水渗入地下水，严重危害人类健康和环境安全。

《中国科学技术政策指南》中指出，不仅要研究开发先进的压水堆技术及先进的核燃料循环技术，其中包括压水堆反应屏蔽及核废料后处理和贮存技术，还要研究开发适用于核电工业发展的新型防护材料。近 10 年来多国政府认识到有辐射源建筑防辐射的重要性，加大了核反应堆射线防护技术、核废料处理技术及新型防辐射材料的开发力度。对于建材行业，开发安全、经济、环保的防辐射混凝土技术，具有重大战略意义和深远社会意义。

6.1.2　国内外研究现状及发展动态

目前国内外关于防辐射混凝土研究主要集中在以下几方面：①防辐射混凝土配制方法；②原材料对防辐射混凝土性能的影响；③矿物掺合料对防辐射混凝土性能影响；④防辐射混凝土长期性能和耐久性能研究。

在混凝土中加入重骨料提高对有害射线的屏蔽效果是国内外研究热点。Esen 等（2011）进行了重晶石混凝土对 X 射线和放射性同位素能量吸收能力的研究，表明重晶石含量越高，混凝土密度和能量吸收能力越高。Akkurt 等（2013）研究了骨料类型对辐射屏蔽的重要性，指出重晶石混凝土是理想的防辐射混凝土，但随冻融循环次数增加，屏蔽性能下降。Bashter 等（1996）研究蛇纹石、钛铁矿、褐铁矿重骨料混凝土对γ射线和中子射线衰减程度的影响，表明钛铁矿和褐铁矿混凝土对快速中子和γ射线屏蔽效果好。Gencel 等（2010）研究不同掺量赤铁矿对混凝土物理和力学性能的影响。Kharita 等（2009）在赤铁矿混凝土中掺加碳粉，研究碳粉对射线的屏蔽特性及对混凝土力学性能的影响。Sharma 等（2009）研究不同纤维对防辐射性能的影响，指出混掺钢纤维和铅纤维的混凝土力学和辐射屏蔽性能均显著增强。长期处于高辐射状态，辐射热量引起混凝土内部温度升高，高温性能、体积稳定性和耐久性是防辐射混凝土研究的重要内容。Sakr 等（2005）检测 50～950℃不同辐射持续时间下防辐射混凝土的物理性能、力学性能、屏蔽性能，表明掺加钛铁矿骨料的重混凝土对γ射线具有很高的射线衰减系数和更好的抵抗高温能力。

国内防辐射混凝土研究起步较晚，可查阅的研究成果和工程应用不多，且一般针对医疗领域小剂量射线的防御。丁庆军等（2002）论述了防辐射混凝土及核固化材料研究现状与发展，利用炼钢废水污泥、钡泥、铜渣和电镀污泥烧制的防辐射集料，射线衰弱系数大于铁矿石而接近重晶石。伍崇明等（2009）测试了骨料、用水量、砂率、水灰比对屏蔽性能的影响，并进行墙体屏蔽性能试验。王萍等（2000）的研究表明，结晶水调节剂可增加水化产物结合水含量，提高对中子射线的屏蔽性能，磁铁矿骨料能有效屏蔽γ射线。孙家瑛（2005）研究了不同钢渣掺量对混凝土力学性能及自收缩、碳化、氯离子渗透性的影响。郭文强等（2016）研究了不同骨料对屏蔽性能的影响规律，指出以磁铁矿砂、钢珠、磁铁矿石作为骨料的防辐射混凝土，屏蔽γ射线性能最好。李国刚等（2012）采用不同密度集料，掺入含硼防辐射添加剂，制备高强、高性能防辐射混凝土，研究物理力学性能、屏蔽效果。孙涛等（2013）依据抗冲击防辐射混凝土基准配合比，通过宏观和微观试验测试了钢渣防辐射混凝土耐久性。陆建兵等（2013）进行了铅粉对防辐射砂浆微观结构影响的研究。陈群（2018）进行了重晶石和钢渣复合掺料防辐射混凝土工作性能、力学性能和耐久性试验研究。

总的来说，国内外学者针对防辐射混凝土配合比设计方法、重骨料和矿物掺合料对防辐射混凝土性能的影响、防辐射混凝土屏蔽性能、防辐射混凝土高温性能劣化等进行了试验与理论的研究探索，取得了相关的成果，但核电工业的发展对防辐射混凝土提出新要求，加之该问题影响参数众多、辐射屏蔽性能测试有较高安全技术的门槛限制、实验室难以完全模拟现场真实情况等原因，距离问题解决尚有差距，主要体现在以下几方面。

1）制备防辐射混凝土通常采用磁铁矿、钢渣或重晶石等重骨料，引入充足的结晶水和含硼、锂等轻元素化合物，提高混凝土密度，但重骨料种类对射线屏蔽性能的影响机理以及骨料掺量与屏蔽性能的定量关系研究尚不充分。

2）缺乏以防辐射性能为目标的配合比设计理论，采用普通混凝土以强度为目标的配合比设计方法来配制防辐射混凝土，经常会造成混凝土拌合物易离析、分层、施工性能差等缺点，并且防辐射性能无法预测。

3）防辐射混凝土长时间受射线照射后温度升高，产生温度变形和温度应力，可能导致混凝土开裂、力学性能和屏蔽性能劣化，高温性能劣化机理和由此引起的耐久性问题是关注的焦点，这方面研究尚需更多试验和理论的支撑。

4）防辐射混凝土屏蔽性能数值模拟、微观结构与性能之间关系等研究成果不足。

核电工业发展要求性能良好的核辐射屏蔽材料，核废料、核污染水存储设施与处理工艺的滞后与不足，使得防辐射混凝土具有不可替代的作用。加大力度研制安全、耐久和环保的高性能防辐射混凝土，进行防辐射混凝土配制方法、工作性能、物理性能、力学性能、屏蔽性能、高温劣化性能、多因素耐久性能的试验和理论研究，具有战略意义和深远社会意义，将促进我国核电工业的发展以及核技术在军事、国防、医疗等领域的更广泛应用。

6.2　钢渣复合掺料重晶石防辐射混凝土早龄期性能

6.2.1　钢渣复合掺料重晶石防辐射混凝土

采用钢渣与粉煤灰作为掺合料、重晶石作为骨料配制防辐射混凝土。钢渣和粉煤灰都是工业废料。钢渣是是炼钢过程中产生的废物，其中含有大量的金属元素，如钙、铁、镁、锰等，将钢渣掺入到重晶石防辐射混凝土中能大大增加防辐射混凝土中的金属含量，从而提高重晶石防辐射混凝土屏蔽γ射线和中子射线的能力。但是由于钢渣成分复杂，其中含有部分游离氧化钙、游离氧化镁等成分，钢渣作为掺合料加入到混凝土后，这些化合物与水发生反应生成氢氧化钙、氢氧化镁等会引起混凝土体积膨胀，对混凝土结构耐久性产生不利影响。另外，钢渣中的孔隙结构使得钢渣在混凝土中分布不均匀，容易造成混凝土搅拌过程中出现离析现象。

粉煤灰作为火力发电厂燃烧大量煤炭后产生的固体废物，主要成分为 SiO_2、Al_2O_3。粉煤灰颗粒微小，具有一定材料活性。混凝土中加入粉煤灰能改善混凝土的微观结构，粉煤灰作为掺合料在混凝土中主要有三方面作用：一是形态效应，粉煤灰中含有大量的玻璃微珠成分，这些玻璃微珠颗粒具有较规则的球型结构，表面光滑，加入到混凝土中其玻璃微珠成分可填充水泥浆体，混凝土中的骨料被大量的玻璃微珠包裹从而改变了混凝土拌合物的流动性质。二是活性效应，粉煤灰中 SiO_2、Al_2O_3 等成分发生水化反应后生成的水化硅酸钙和水化铝酸钙等胶凝物质填充了混凝土中的孔隙与微裂缝，优化了混凝土的孔隙结构，有利于提高混凝土耐久性。三是微集料效应，粉煤灰中的微细颗粒对混凝土中混合物的水化反应起到促进作用，提高了混凝土的密实度。

本节研究钢渣和粉煤灰复合掺料重晶石防辐射混凝土的配合比设计、工作性能、强度、早龄期收缩性能，并对其抗渗水性能、抗碳化性能、抗冻融性能进行试验研究，确定使防辐射混凝土性能最优的钢渣与粉煤灰掺加比例。

6.2.2　原材料和配合比设计

水泥采用冀东水泥吉林有限责任公司生产的 P·O 42.5 级硅酸盐水泥，物理性能如表 6.2 所示。

表 6.2　水泥的物理性能

比表面积/(m^2/kg)	凝结时间/min		SO_3/%	安定性	烧失量/%	弯曲拉伸强度/MPa		抗压强度/MPa	
	初凝	终凝				3d	28d	2d	28d
380	180	250	1.95	合格	2.45	5.4	9.0	28.2	56.0

细骨料为重晶石砂，细度模数 2.1，细砂。粗骨料为重晶石碎石，$BaSO_4$ 含量 98%，粒径 5～30mm，莫氏硬度 3.5，密度 4500kg/m^3。普通自来水。矿物掺合料采用吉林市某电厂生产的 I 级粉煤灰，密度 2.4g/cm^3，化学成分如表 6.3 所示。钢渣为吉林市东晟冶金渣综合利用有限公司精选钢渣，细度模数 3.4，粗砂。重晶石骨料与钢渣如图 6.1 所示。减水剂采用萘系减水剂，减水率 20%。

表 6.3　粉煤灰的化学成分　（单位：%）

CaO	SiO_2	Al_2O_3	Fe_2O_3	K_2O	SO_3	MgO	烧失量
4.40	47.5	40.51	2.40	0.92	0.55	0.94	2.78

（a）重晶石骨料

（b）钢渣

图 6.1　重晶石骨料与钢渣

防辐射混凝土配合比设计参考《普通混凝土配合比设计规程》（JGJ 55—2011）和《重晶石防辐射混凝土应用技术规范》（GB/T 50557—2010）。以达到防辐射混凝土设计密度为目标，充分利用重晶石骨料的密度，设计强度等级为 C30。粉煤灰等量取代一部分水泥，钢渣取代重晶石砂。

（1）试配强度确定

$$f_{\text{cub},0} = f_{\text{cub},\text{k}} + 1.645\sigma_{\text{b}} = 39.0475 \tag{6.1}$$

式中：$f_{cub,0}$ 为重晶石防辐射混凝土配制强度；$f_{cub,k}$ 为重晶石防辐射混凝土立方体抗压强度标准值；σ_b 为重晶石防辐射混凝土强度标准差，根据《重晶石防辐射混凝土应用技术规范》（GB/T 50557—2010）取 5.5。

（2）水灰比确定

$$\frac{W}{C}=\frac{\alpha_a\cdot f_{cc}}{f_{cub,0}+\alpha_a\alpha_b f_{cc}} \tag{6.2}$$

式中：W/C 为混凝土水灰比；f_{cc} 为水泥 28d 抗压强度实测值；α_a、α_b 为回归系数，α_a 取 0.55，α_b 取 0.45。计算得到水灰比为 0.5。

（3）用水量确定

用水量根据《重晶石防辐射混凝土应用技术规范》（GB/T 50557—2010）单位体积重晶石防辐射混凝土的基准用水量的规定确定，如表 6.4 所示。每立方米重晶石防辐射混凝土用水量 210kg。减水剂用量为胶凝材料用量 1%。

表 6.4　重晶石防辐射混凝土的基准用水量　　（单位：kg/m³）

坍落度/mm	重晶石粗骨料最大粒径/mm			
	16.0	20.0	31.5	40.0
10～30	190	180	175	160
35～50	200	190	185	170
55～70	210	200	195	180
75～90	220	210	205	190

注：本表用水量系采用重晶石细骨料为中砂时的平均取值。采用重晶石细骨料为细砂时，每立方米重晶石防辐射混凝土用水量增加 4～8kg；采用重晶石细骨料为粗砂时，每立方米重晶石防辐射混凝土用水量减少 4～8kg。

（4）胶凝材料用量确定

$$m_{b0}=\frac{m_{w0}}{W/C} \tag{6.3}$$

式中：m_{b0} 为单位体积混凝土中所需胶凝材料质量；m_{w0} 为单位体积混凝土用水量。计算得出水泥用量 420kg/m³。

（5）骨料用量确定

$$m_c+m_g+m_s+m_w=m_{cp} \tag{6.4}$$

$$\beta_s=\frac{m_s}{m_g+m_s} \tag{6.5}$$

式中：m_c、m_g、m_s、m_w 分别为单位体积混凝土的水泥用量、粗骨料用量、细骨料用量和用水量；m_{cp} 为单位体积混凝土拌合物的假定质量，取 3300kg/m^3；β_s 为砂率，取 35%。

据此计算得到单位体积防辐射混凝土粗、细骨料的用量分别为 1773kg/m^3 和 955kg/m^3。防辐射混凝土配合比如表 6.5 所示。

为了研究钢渣粉煤灰复合掺料下重晶石混凝土的性能，钢渣取代重晶石砂的掺量质量占比分别为 20%、30%，粉煤灰取代水泥的掺量质量占比为 20%、30%、40%。所有组别防辐射混凝土配合比如表 6.6 所示。

表 6.5　防辐射混凝土配合比

强度	水胶比	水泥/（kg/m^3）	重晶石砂/（kg/m^3）	重晶石石子/（kg/m^3）	水/（kg/m^3）	减水剂/%
C30	0.5	420	955	1773	168	1

表 6.6　不同钢渣粉煤灰复合掺料下防辐射混凝土配合比

混凝土编号	水胶比	粉煤灰掺量/%	钢渣掺量/%	粉煤灰/（kg/m^3）	水泥/（kg/m^3）	钢渣/（kg/m^3）	重晶石砂/（kg/m^3）	重晶石/（kg/m^3）	水/（kg/m^3）	减水剂/%
HC1	0.5	0	0	0	420	0	955	1773	168	1
HC2	0.5	20	20	84	336	191	764	1773	168	1
HC3	0.5	30	20	126	294	191	764	1773	168	1
HC4	0.5	40	20	168	252	191	764	1773	168	1
HC5	0.5	20	30	84	336	286.5	668.5	1773	168	1
HC6	0.5	30	30	126	294	286.5	668.5	1773	168	1
HC7	0.5	40	30	168	252	286.5	668.5	1773	168	1

6.2.3　物理力学性能

防辐射混凝土工作性能主要测量坍落度，防辐射混凝土骨料较重，骨料直径较大，容易出现离析现象。采用水泥裹砂工艺法搅拌混凝土，搅拌流程为：先将石子、砂和 70%的水放入搅拌机中搅拌 30s，然后向搅拌机中加入水泥搅拌 120s，加入剩余的水搅拌 30s，最后加减水剂搅拌 60s 后出料。水泥裹砂工艺法搅拌混凝土能够防止泌水、减弱离析程度，提高混凝土和易性的同时增加水泥浆体与骨料之间的粘结力，有利于防辐射混凝土强度提高。

对新拌防辐射混凝土坍落度的测量根据《普通混凝土拌合物性能试验方法标准》（GB/T 50080—2016）中的方法，将混凝土坍落度筒内壁用水湿润，试验前将水泥地面用水湿润，将搅拌后的混凝土分三层放入坍落度筒中，每放一层用捣棒由边缘到中心螺旋均匀插捣，顶层插捣完后将多余的混凝土沿筒口刮平，然后垂直地提起坍落度筒，待混凝土不再继续坍落时，测量出坍落度筒筒高与坍落完成后混凝土最高点高度之间的差值，如图 6.2 所示。

图 6.2　防辐射混凝土坍落度试验

防辐射混凝土表观密度试验过程：将 5L 的试样筒用水湿润称量质量，分两层放入新拌混凝土，每放入一层用捣棒由边缘到中心螺旋均匀插捣，并轻拍试样筒外壁至拌合物表面不出现水泡，刮去筒口多余的混凝土，再称量质量，计算出防辐射混凝土表观密度，试验结果如表 6.7 所示。

表 6.7　防辐射混凝土坍落度与表观密度

混凝土配合比	坍落度/mm	密度/（kg/m^3）
粉煤灰 0%，钢渣 0%	75	3116
粉煤灰 20%，钢渣 20%	79	3138
粉煤灰 30%，钢渣 20%	81	3112
粉煤灰 40%，钢渣 20%	83	3058
粉煤灰 20%，钢渣 30%	70	3027
粉煤灰 30%，钢渣 30%	77	2957
粉煤灰 40%，钢渣 30%	80	2874

新拌防辐射混凝土坍落度随粉煤灰掺量增加而增大。钢渣掺量 20%、粉煤灰掺量 40%时，坍落度比不掺加粉煤灰混凝土增加 10%。粉煤灰表面光滑，吸水少，取代水泥后新拌混凝土中含有较多自由水，水化反应早龄期粉煤灰活性较低，粉煤灰掺加对早龄期水泥水化进程起稀释作用，玻璃微珠充分包裹粗细骨料，使其更易在水泥浆体中滑动。

根据《重晶石防辐射混凝土应用技术规范》（GB/T 50557—2010），重晶石防辐射混凝土表观密度等级如表 6.8 所示。

表 6.8　重晶石防辐射混凝土表观密度等级

密度等级	表观密度范围/（kg/m³）	密度等级	表观密度范围/（kg/m³）
1	$\rho_b \geqslant 3600$	4	$3000 \leqslant \rho_b < 3200$
2	$3400 \leqslant \rho_b < 3600$	5	$2800 \leqslant \rho_b < 3000$
3	$3200 \leqslant \rho_b < 3400$		

钢渣掺量增加，使防辐射混凝土坍落度增加，钢渣颗粒直径较大，充分包裹需要较多砂浆，使得新拌混凝土较为松散、骨料与砂浆之间黏性下降、防辐射混凝土流动性变差；由于钢渣吸水性较强，且采用重晶石细砂，在混凝土出盘时大量水被吸收，致使混凝土内砂浆含水量减小、密实度降低，因此混凝土密度降低。防辐射混凝土密度随粉煤灰及钢渣掺量增加而降低。粉煤灰密度小，等质量取代水泥后，新拌混凝土体积增大。

防辐射混凝土强度等级 C30，150mm×150mm×150mm 立方体试块，标准养护箱中养护，养护 7d、28d 后取出测量抗压强度。测试时将试件表面与压力机承压板擦干，试件承压面与浇筑方向的顶面垂直。控制压力机连续均匀施加荷载，加载速率 0.5～0.8MPa/s。试验中每个龄期 3 个试件为一组，3 个试件抗压强度的平均值作为该龄期混凝土抗压强度。当 3 个试件抗压强度最大值或最小值与中间值的差超过中间值的 15%时，应取中间值作为该组试件的抗压强度值。试验如图 6.3 所示。

（a）粉煤灰 30%，钢渣 20%　（b）粉煤灰 20%，钢渣 30%　（c）试件压碎形态

图 6.3　防辐射混凝土立方体抗压强度试验

防辐射混凝土 28d 抗压强度与粉煤灰掺量的关系曲线如图 6.4 所示。钢渣掺量 20%，防辐射混凝土 28d 龄期抗压强度随着粉煤灰掺量增加呈先增加后降低的变化，粉煤灰掺量 30%时，防辐射混凝土 28d 抗压强度最大，粉煤灰掺量 40%时，防辐射混凝土 28d 抗压强度比基准混凝土降低 6.62%。粉煤灰掺量相同条件下，

钢渣掺量 30%的防辐射混凝土 7d、28d 抗压强度均比钢渣掺量 20%的抗压强度高。粉煤灰掺量 30%时，钢渣掺量 30%的防辐射混凝土比钢渣掺量 20%混凝土的 28d 抗压强度增加 1.57%。

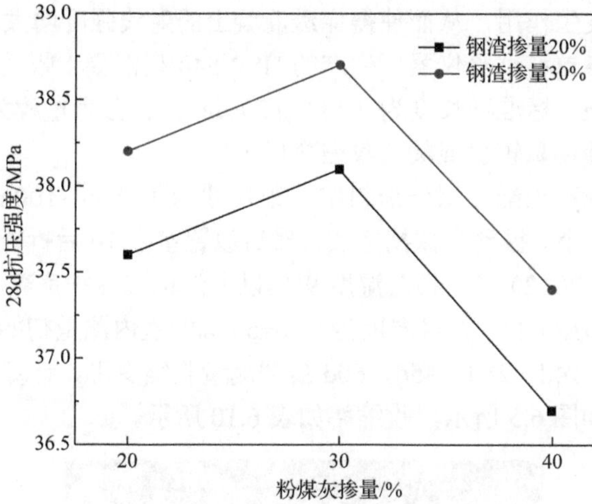

图 6.4　防辐射混凝土 28d 抗压强度与粉煤灰掺量的关系曲线

抗压强度试验结果如表 6.9 所示，粉煤灰掺量增加，防辐射混凝土 7d 龄期抗压强度减小。钢渣掺量 20%、粉煤灰掺量 40%时 7d 抗压强度最低，为基准混凝土的 77.34%。在混凝土养护早龄期，粉煤灰掺加对防辐射混凝土强度增长呈现不利影响。随着养护时间增长，粉煤灰水化反应增大，与 $Ca(OH)_2$ 发生二次水化反应生成的硅酸钙胶凝材料使得防辐射混凝土更加密实，抗压强度提高。钢渣细骨料表面粗糙多孔，钢渣孔隙中填充水泥砂浆后可以增加钢渣骨料与水泥石之间的摩擦力和机械咬合力，水泥凝结硬化使其与钢渣骨料之间形成了一定锚固作用，使得钢渣混凝土抗压强度有所提高。

表 6.9　不同钢渣粉煤灰掺量的防辐射混凝土抗压强度

混凝土配合比	混凝土抗压强度/MPa	
	7d	28d
粉煤灰 0%，钢渣 0%	25.6	39.3
粉煤灰 20%，钢渣 20%	24.1	37.6
粉煤灰 30%，钢渣 20%	21.4	38.1
粉煤灰 40%，钢渣 20%	19.8	36.7
粉煤灰 20%，钢渣 30%	24.3	38.2
粉煤灰 30%，钢渣 30%	22.7	38.7
粉煤灰 40%，钢渣 30%	21.6	37.4

6.2.4　收缩性能

防辐射混凝土收缩性能对混凝土开裂性能、使用寿命、屏蔽能力有重要影响。裂缝出现使得防辐射混凝土射线屏蔽能力下降，射线射入混凝土后不能有效地与混凝土中的粒子发生作用，从而使得穿透混凝土的射线强度增大。

试验采用天津首科试验仪器厂生产的 HSP-540 型混凝土收缩膨胀仪，测量范围为 534～545mm，标准杆长度为（540±0.2）mm，百分表量程为 0～10mm。采用接触法测定早龄期防辐射混凝土收缩变形。

根据防辐射混凝土配合比分别制作 7 组尺寸为 100mm×100mm×515mm 的棱柱体试件，每组 3 个。振动台振捣密实，然后放置室内 1d 后拆模。拆模后粘贴测头，放置试件到（20±2）℃、相对湿度 95%以上的标准养护室养护。标准养护 2d 后转移到室温（20±2）℃、相对湿度为（60±5）%的室内测量初始长度，此后每隔 1d、3d、5d、7d、14d、28d、45d、60d 龄期测量收缩变形，计算收缩率。防辐射混凝土收缩试验如图 6.5 所示，收缩率如表 6.10 所示。

图 6.5　防辐射混凝土收缩试验

表 6.10　不同配合比防辐射混凝土收缩率

龄期/d	混凝土收缩率/10^{-5}						
	粉煤灰 0%，钢渣 0%	粉煤灰 20%，钢渣 20%	粉煤灰 30%，钢渣 20%	粉煤灰 40%，钢渣 20%	粉煤灰 20%，钢渣 30%	粉煤灰 30%，钢渣 30%	粉煤灰 40%，钢渣 30%
1	11.74	11.72	7.812	9.75	10.72	9.75	8.77
3	19.57	21.48	15.63	12.67	16.57	15.59	13.65
7	27.4	27.34	19.53	15.59	20.47	19.49	15.59
14	34.25	33.2	21.48	18.52	21.44	21.44	17.15
28	38.16	35.16	22.27	20.66	22.42	23.39	17.93
45	42.07	36.33	22.66	23.39	22.51	24.37	18.71
60	43.03	37.04	23.05	24.60	23.01	24.95	19.10

掺加粉煤灰能有效降低重晶石防辐射混凝土的收缩，使体积相对稳定。钢渣掺量 20%、粉煤灰掺量 30%时，防辐射混凝土 60d 收缩比不掺加粉煤灰防辐射混凝土收缩率降低 46.4%。粉煤灰掺量增加，使得水泥用量减少，防辐射混凝土中可溶离子量及可溶离子浓度降低；同时粉煤灰的掺加，延缓了水化反应，使收缩减小。

粉煤灰掺量相同的条件下，钢渣掺量越大，防辐射混凝土收缩率越小。粉煤灰掺量 40%时，钢渣掺量 30%的防辐射混凝土收缩率最小，比 20%钢渣掺量防辐射混凝土降低 22.36%，比基准混凝土降低 55.61%。钢渣化学成分中均含有一定量的游离氧化钙、游离氧化镁等，遇水后生成氢氧化钙、氢氧化镁等化合物，使得混凝土体积膨胀，弥补了防辐射混凝土的体积损失从而使收缩率降低。防辐射混凝土收缩率变化如图 6.6 所示。

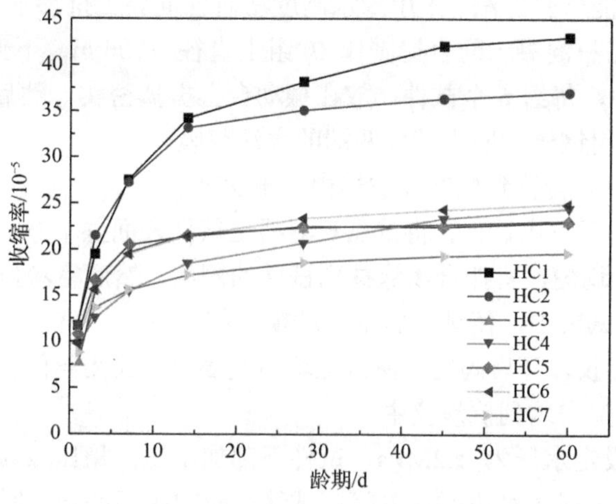

图 6.6　不同配合比防辐射混凝土收缩率

根据防辐射混凝土收缩率变化曲线，45d 龄期后收缩后变化趋于平缓，钢渣掺量 30%、粉煤灰掺量 40%的防辐射混凝土 45d 收缩量占 60d 收缩量的 97.96%。

6.3　钢渣复合掺料重晶石防辐射混凝土耐久性能

我国国土面积广大，环境气候条件复杂多样。各地区的环境条件对混凝土耐久性的影响千差万别，因此对重晶石防辐射混凝土的耐久性研究任务重大。核电站、医院、化工厂等建筑对防辐射混凝土需求量较大，对其质量要求更加严格。耐久性是混凝土结构的重要设计因素，也是混凝土性能测试必不可少的内容。影响混凝土耐久性的因素较多，如骨料种类、水灰比、水泥种类、自然环境条件及施工质量等。耐久性失效的类型主要有渗透、冻融、碱-骨料反应、混凝土碳化、化学（氯盐）腐蚀和钢筋锈蚀等。

对 C30 钢渣粉煤灰复合掺料下重晶石防辐射混凝土进行抗渗水性能、抗碳化性能及抗冻融性能的试验研究，分析钢渣与粉煤灰复合掺料下重晶石防辐射混凝土耐久性变化规律。

6.3.1　抗渗水性能

水与混凝土表面接触时，混凝土表面存在的水压力及毛细孔隙表面张力使水向混凝土内部渗透，混凝土抗渗水性能是耐久性的一个重要方面。核乏燃料处理过程中的蓄水池重晶石混凝土长期处于水环境，要求具有良好的抗渗水性能。

试验仪器采用北京首瑞大同测控技术有限公司生产的混凝土抗渗仪，参照普通混凝土耐久性能试验方法，采用渗水高度法研究混凝土抗渗水性能，过程如下。

1）根据重晶石混凝土配合比制作 7 组上直径 170mm、下直径 180mm、高 150mm 圆台试件，每组 6 个试件。放在振动台上振捣密实，然后静置在室内 24h 后拆模，拆模后用钢丝刷刷去试件两端的水泥浆膜。

2）试件拆模后转移到标准养护箱内养护 27d。

3）养护 27d 后取出试件，将重晶石混凝土试件表面擦干净；将水泥与黄油按 3∶1 的比例搅拌均匀，将拌合物涂抹到试件的侧面；然后将涂抹完密封材料的试件用压力机压入试模中，使试件底部与试模底部平齐。

4）启动抗渗仪，开启阀门，使试位坑中充满水，关闭阀门；将用压力机密封好的 6 个试件全部安装到抗渗仪中。

5）抗渗仪设定水压为 1.2MPa，试件下部加水压，稳压 24h。如果在加压过程中试件上端面出现渗水情况，关闭该试件对应的阀门并记录时间，该试件的渗水高度即为试件高度。如果在试件侧面出现渗水现象，说明试件没有完全密封，应将试件取出重新密封。

6）稳压 24h 后，将试件取出沿纵断面劈裂两半测量渗水高度，测量时等间距测量 10 个点的渗水高度，读数精确至 1mm。

7）每个试件的渗水高度取 10 个测点的平均值，每种配合比 6 个试件渗水高度的平均值作为该配合比重晶石混凝土的渗水高度，渗水高度试验如图 6.7 所示。

根据渗水高度及渗透时间计算相对渗透系数：

$$K_r = \frac{aD_m^2}{2TH} \tag{6.6}$$

式中：K_r 为相对渗透系数；D_m 为平均渗水高度；H 为水压力，以水柱高度表示；T 为保持恒压的时间；a 为混凝土吸水率，一般取值 0.03。

图 6.7　重晶石混凝土渗水高度试验

不同配合比重晶石混凝土渗水高度及相对渗透系数如表 6.11 所示，渗水劈裂后的渗水高度如图 6.8 所示。

表 6.11　不同配合比重晶石混凝土渗水高度及相对渗透系数

混凝土配合比	渗水高度/mm	相对渗透系数/（cm/h）
粉煤灰 0%，钢渣 0%	86	0.378×10^{-5}
粉煤灰 20%，钢渣 20%	16	0.13×10^{-6}
粉煤灰 30%，钢渣 20%	14	0.1×10^{-6}
粉煤灰 40%，钢渣 20%	10	0.05×10^{-6}
粉煤灰 20%，钢渣 30%	13	0.09×10^{-6}
粉煤灰 30%，钢渣 30%	10	0.05×10^{-6}
粉煤灰 40%，钢渣 30%	8	0.03×10^{-6}

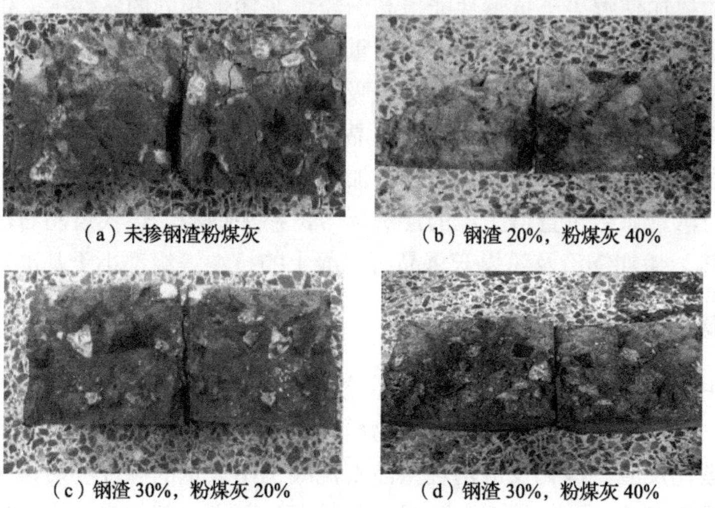

（a）未掺钢渣粉煤灰　（b）钢渣 20%，粉煤灰 40%

（c）钢渣 30%，粉煤灰 20%　（d）钢渣 30%，粉煤灰 40%

图 6.8　重晶石混凝土渗水劈裂后的渗水高度

粉煤灰作为掺合料添加到混凝土中对重晶石混凝土的抗渗水性能起到有利作用。掺加粉煤灰能有效改善重晶石混凝土的孔隙率和孔隙分布，阻塞毛细孔隙，减少连通孔隙的数量，进而影响抗渗水性能。钢渣20%时，粉煤灰掺量40%的重晶石混凝土渗水高度比粉煤灰掺量20%重晶石混凝土的渗水高度降低43.75%。相同粉煤灰掺量下，钢渣掺量增加，重晶石混凝土渗水高度降低。粉煤灰掺量40%时，钢渣掺量30%的重晶石混凝土渗水高度最小，为基准重晶石混凝土的9.3%，比钢渣掺量20%重晶石混凝土渗水高度降低20%。这可能是因为颗粒微小的粉煤灰掺加到重晶石混凝土中所产生的形态效应、活性效应和微集料效应优化了混凝土的抗渗水性能。不同钢渣掺量下，重晶石混凝土渗水深度与粉煤灰掺量的关系曲线如图6.9所示。

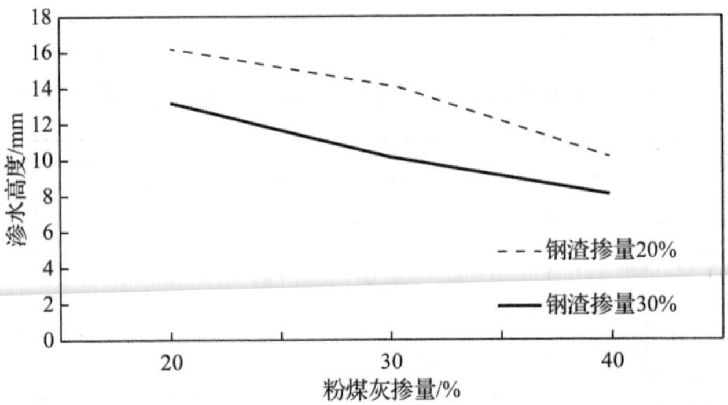

图6.9　重晶石混凝土渗水深度与粉煤灰掺量的关系曲线

钢渣的掺加使混凝土抗渗性能提高。粉煤灰掺量相同的条件下，钢渣掺量增加，混凝土抗渗性能提高。钢渣掺加使重晶石混凝土更加密实，孔隙结构得到改善，从而减少了渗透通道。同时，钢渣吸水性较大，在水渗透的过程中，一部分水分被钢渣吸收，钢渣颗粒较大，与重晶石细砂形成较好的颗粒级配，减小了毛细孔的表面张力。因此，钢渣的适当掺加有利于重晶石混凝土抗渗性能的提高。

由相对渗透系数可查得工程的渗透标号，掺加钢渣粉煤灰重晶石混凝土的渗透标号为P_8。掺加钢渣及粉煤灰重晶石混凝土的抗渗等级都小于基准混凝土。

6.3.2　抗碳化性能

空气中的CO_2、SO_2、HCl等物质通过重晶石混凝土的孔隙及裂缝进入混凝土的内部，与水泥水化反应产生的碱性物质发生中和反应。混凝土中和反应最普遍的形式是碳化反应，碳化反应消耗重晶石混凝土中大量的碱性物质，碳化产物堵塞了部分毛细孔隙，一定程度上可提高重晶石混凝土内部的密实度。但是碳化反应降低了重晶石混凝土的 pH 值，碳化反应深入到钢筋将破坏钢筋表面的钝化膜而容易锈蚀，钢筋锈蚀严重影响重晶石混凝土受力性能。鉴于碳化反应对混凝土结构的不利影响是主要的，因此提高重晶石混凝土的抗碳化能力对提高结构的耐久性有重要意义。

试验仪器采用北京首瑞大同测控技术有限公司生产的混凝土碳化箱，参照普通混凝土耐久性能试验方法，测试重晶石防辐射混凝土抗碳化性能，试验过程如下。

1）根据重晶石混凝土配合比制作 7 组尺寸为 100mm×100mm×300mm 的重晶石混凝土试件，每组配合比 3 个，放在振动台上振捣密实，静置在室内 24h 后拆模。

2）试件拆模后转移到标准养护箱内养护 26d，然后取出试件进行干燥处理。

3）干燥后将试件取出，沿试件长度方向每隔 10mm 画平行线，画出 10 条线以确定测点位置。

4）将石蜡融化涂抹到试件的端面及相对的两个侧面，其他两个侧面不处理。

5）将准备好的试件放入碳化箱，碳化箱保持 CO_2 浓度（20±3）%，相对湿度（70±5）%，温度（20±2）℃范围。在碳化箱放置 28d 将棱柱体试件取出进行劈裂，滴定浓度为 1%的酚酞酒精溶液，测量碳化深度。碳化试验如图 6.10 所示。

图 6.10　重晶石混凝土碳化试验

不同配合比重晶石混凝土 28d 碳化深度如表 6.12 所示。在混凝土中掺加适量粉煤灰一方面能改善混凝土的孔隙分布，降低孔隙率，提高混凝土的密实度，有利于提高混凝土的抗碳化能力。另一方面，粉煤灰中的氧化硅、氧化铝等与 $Ca(OH)_2$ 反应，使得 $Ca(OH)_2$ 的含量降低，减少了对扩散到混凝土内部的 CO_2 的吸收，使碳化深度加大，不利于混凝土的抗碳化性能。

随粉煤灰掺量增加，重晶石混凝土 28d 碳化深度不断增加。钢渣掺量 20%水平下，粉煤灰掺量40%时，重晶石混凝土碳化深度最大，比基准混凝土增长280%，比粉煤灰掺量20%重晶石混凝土碳化深度增长58.33%。钢渣的掺加降低了重晶石混凝土的28d碳化深度，相同粉煤灰掺量下，钢渣掺量增加，则重晶石混凝土碳化深度降低。粉煤灰掺量40%水平下，钢渣掺量30%重晶石混凝土的碳化深度比钢渣掺量20%重晶石混凝土的碳化深度降低21.05%。掺加粉煤灰对混凝土的抗碳化性能总体而言是不利的。不同钢渣掺量下重晶石防辐射混凝土粉煤灰掺量与碳化深度的关系如图6.11所示。

表6.12　重晶石混凝土28d碳化深度

混凝土配合比	碳化深度/mm
粉煤灰0%，钢渣0%	5
粉煤灰20%，钢渣20%	12
粉煤灰30%，钢渣20%	15
粉煤灰40%，钢渣20%	19
粉煤灰20%，钢渣30%	9
粉煤灰30%，钢渣30%	13
粉煤灰40%，钢渣30%	15

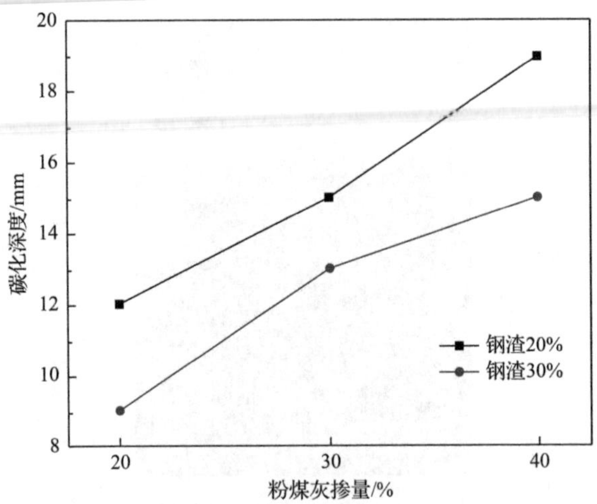

图6.11　重晶石防辐射混凝土粉煤灰掺量与碳化深度的关系

掺加钢渣一方面提高了重晶石混凝土密实度，钢渣表面粗糙多孔、棱角分明，水泥砂浆及粉煤灰颗粒进入钢渣孔隙，钢渣孔隙内填充了的大量的水泥浆体，优化了重晶石混凝土的孔隙结构，有利于重晶石混凝土的抗碳化能力提高。另一方面，钢渣成分中含有游离氧化钙，与水发生反应，生成$Ca(OH)_2$使得重晶石混凝土碱性提高，混凝土pH值提高有利于增强重晶石混凝土的抗碳化能力。重晶石混凝土 28d 酚酞滴定碳化深度如图 6.12 所示。

（a）钢渣 20%，粉煤灰 20%

（b）钢渣 20%，粉煤灰 40%

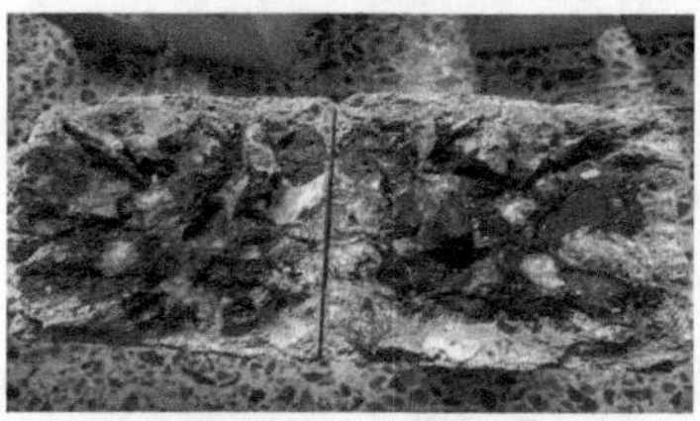

（c）钢渣 30%，粉煤灰 20%

（d）钢渣 30%，粉煤灰 40%

图 6.12　重晶石混凝土 28d 酚酞滴定碳化深度

6.3.3　抗冻融性能

硬化后混凝土发生冻害现象可分为内部劣化、表面剥蚀和崩裂破坏，这是由于混凝土内部有许多细孔，细孔内残留水分冻结产生膨胀压力，同时孔隙液中的溶解物质及表面张力导致冰点下降，孔隙中的水处于过冷状态但是还没有凝结成冰，孔隙中液体的蒸发压力强于同温度冰的蒸发压力时，会对毛细孔中冰的界面产生渗透压力（冯乃谦等，2009）。混凝土冻融循环过程中内部的损伤不断积累，裂缝逐渐延伸和扩展，当混凝土内部损伤积累到一定程度，裂缝相互连通形成宏观裂缝，混凝土发生破坏。

使用 TDR 系列混凝土快速冻融试验机，采用快冻法研究复合掺料下重晶石混凝土的抗冻融性能，试验如图 6.13 所示，试验过程如下。

1）根据重晶石混凝土配合比制作 7 组尺寸为 100mm×100mm×400mm 的棱柱体试件，每组配合比 3 个试件，放在振动台上振捣密实，静置在室内 24h 后拆模。

2）试件拆模后转移到水中养护 28d，水温（20±2）℃。养护完成后试件取出，表面擦干水分，称量初始质量，然后按照动弹性模量试验中的规定在试件上画线，测量试件横向基频。

3）将试件放入试件盒内并注入清水，开启仪器。每冻融循环 25 次，取出试件擦干表面水分，测量其质量损失及横向基频损失。

4）当冻融循环到达 200 次，或者相对动弹性模量下降到 60%以下，或者质量损失率达到 5%时，终止冻融循环试验。

（a）TDR 系列混凝土快速冻融试验机　　（b）快速冻融试验

图 6.13　重晶石混凝土快速冻融试验

单个试件的冻融质量损失率：

$$\Delta W_{ni} = \frac{W_{oi} - W_{ni}}{W_{ni}} \times 100\% \tag{6.7}$$

式中：ΔW_{ni} 为经过 n 次冻融循环后第 i 个混凝土试件的质量损失率；W_{oi} 为未冻融时第 i 个混凝土试件的质量；W_{ni} 为经过 n 次冻融循环后第 i 个混凝土试件的质量。

重晶石混凝土相对动弹性模量测定如图 6.14 所示。将动弹仪放置在厚度约 20mm 的泡沫塑料板上，测定试件质量和尺寸，按规定距离在重晶石混凝土试件上画线，然后将试件放置到塑料板上，将激振换能器轻轻压在试件上，开启动弹仪调试，调试后连续测量两次，两次测量值之差不超过两个测量值算术平均数的 0.5%时，将两个测量值的平均值记为该试件的基频振动频率。

图 6.14　重晶石混凝土相对动弹性模量测定

相对动弹性模量：

$$P_i = \frac{f_{ni}^2}{f_{oi}^2} \times 100\% \tag{6.8}$$

式中：P_i 为经 n 次冻融循环后第 i 个试件的相对动弹性模量；f_{ni} 为经 n 次冻融循环后第 i 个试件的横向基频；f_{oi} 为冻融循环前第 i 个试件的横向基频。

重晶石混凝土冻融循环后表面形态变化如图 6.15 所示，冻融试验结果如

表 6.13 所示。试验中重晶石混凝土冻融循环 50 次后表层出现剥离，原本光滑表面开始变得粗糙。冻融循环 75 次后混凝土掉渣严重，表面粗糙，但仍完整。冻融循环 100 次后混凝土骨料裸露，端部出现崩裂现象。冻融循环 125 次后，混凝土骨料裸露严重。冻融循环 150 次后，试件断裂。

试验中配制的 C30 重晶石混凝土，在冻融循环 150 次后试件发生断裂，基准混凝土在冻融循环 150 次后质量损失率超过 5%。钢渣掺量 20%水平下，不同粉煤灰掺量下的重晶石混凝土质量损失率与动弹性模量均比钢渣掺量 30%水平的重晶石混凝土大。

（a）冻融 50 次　（b）冻融 75 次　（c）冻融 100 次　（d）冻融 125 次　（e）冻融 150 次

图 6.15　重晶石混凝土冻融循环后表面形态变化

表 6.13　重晶石混凝土冻融试验结果　（单位：%）

循环次数	参数	粉煤灰 0%，钢渣 0%	粉煤灰 20%，钢渣 20%	粉煤灰 30%，钢渣 20%	粉煤灰 40%，钢渣 20%	粉煤灰 20%，钢渣 30%	粉煤灰 30%，钢渣 30%	粉煤灰 40%，钢渣 30%
25	质量损失率	0	0	0	0	0	0	0
	相对动弹性模量	99.4	99.6	99.31	99.92	99.32	99.35	99.98
50	质量损失率	0.7	0.3	0.5	04	0.3	0.3	0.4
	相对动弹性模量	91.53	93.34	95.62	95.40	94.34	96.27	96.43
75	质量损失率	1.2	0.6	0.7	0.6	0.6	0.7	0.9
	相对动弹性模量	89.20	91.63	92.56	91.54	92.64	93.67	93.58
100	质量损失率	2.2	1.9	2.0	2.1	1.3	1.5	1.2

续表

循环次数	参数	粉煤灰0%，钢渣0%	粉煤灰20%，钢渣20%	粉煤灰30%，钢渣20%	粉煤灰40%，钢渣20%	粉煤灰20%，钢渣30%	粉煤灰30%，钢渣30%	粉煤灰40%，钢渣30%
100	相对动弹性模量	87.60	90.33	89.21	89.5	90.66	91.83	91.74
125	质量损失率	4.7	3.6	3.5	3.3	3.4	3.1	3.3
	相对动弹性模量	84.64	86.64	85.21	85.50	87.66	86.83	87.74
150	质量损失率	—	—	—	—	—	—	—
	相对动弹性模量	—	—	—	—	—	—	—

冻融循环125次时，基准混凝土质量损失率最大为4.7%；钢渣掺量20%、粉煤灰掺量20%时重晶石混凝土质量损失率为所有复合掺料重晶石混凝土配合比中质量损失率最大的一组，为3.6%；钢渣掺量30%、粉煤灰掺量30%时，重晶石混凝土质量损失率最小，为3.1%。同时，冻融循环125次后不掺加掺合料的重晶石混凝土相对动弹性模量最低，为84.64%；钢渣掺量30%、粉煤灰掺量40%时，重晶石混凝土相对动弹性模量最大，为87.74%。相同粉煤灰掺量的情况下，钢渣掺量越高，通常相对动弹性模量越大。由试验结果可知，各组的质量损失率及相对弹性模量均较基准混凝土小，钢渣和粉煤灰的掺加提高了重晶石混凝土的抗冻融性能。重晶石混凝土相对动弹性模量与质量损失率随冻融循环次数的变化如图6.16所示。

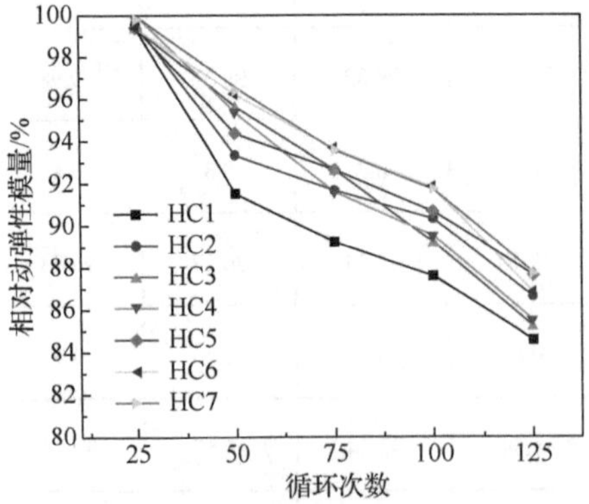

（a）相对动弹性模量

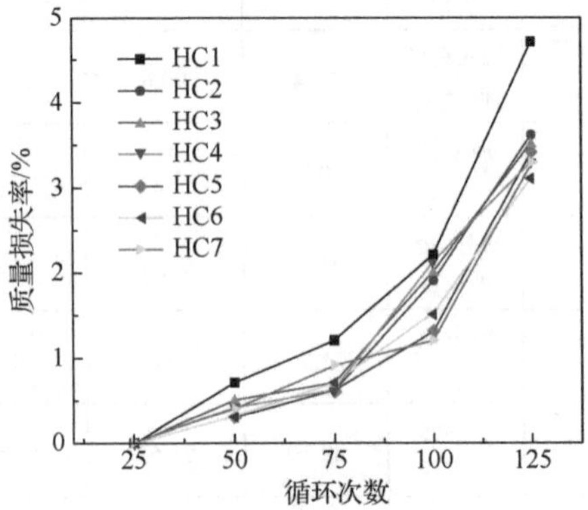

（b）质量损失率

图6.16　重晶石混凝土相对动弹性模量与质量损失率随冻融循环次数的变化

掺加钢渣和粉煤灰后，重晶石混凝土相对动弹性模量下降趋势基本一致，质量损失率则差异较大。粉煤灰和钢渣的掺加使混凝土更加密实，混凝土内部孔隙得到优化，钢渣代替重晶石细砂，骨料级配更加均匀合理，重晶石混凝土抗冻融性能提高。由于钢渣孔隙较多，含水量大，孔隙内水分冻结产生膨胀压力，对混凝土内部结构的稳定性造成损害。

6.3.4　重晶石混凝土微观结构

对重晶石防辐射混凝土结构应进行辐射屏蔽专项设计。辐射屏蔽设计应根据实际工程所使用的射线类型、射线照射能量、活度、混凝土正常使用时的工作荷载、混凝土结构的尺寸大小等情况，以及工程项目对重晶石防辐射混凝土表观密度、化合水含量的要求，设计计算建筑物所需要的重晶石防辐射混凝土的厚度。

防辐射混凝土的屏蔽能力与其所含有的重金属离子密切相关，常用的作为防辐射混凝土的骨料有铁矿石、重晶石、硼镁铁矿石等，这些骨料能提高防辐射混凝土屏蔽γ射线的能力。同时，由于防辐射混凝土中含有较多的重金属离子，其在自然条件下的耐久性格外引人关注。掺加粉煤灰降低了重晶石防辐射混凝土收缩值，并提高其抗渗性能和抗冻融性能，但是掺加粉煤灰降低了重晶石防辐射混凝土的抗碳化能力。粉煤灰的形态效应、活性效应和微集料效应能够填充重晶石和钢渣表面的空隙，改善新拌混凝土的和易性，减小重晶石防辐射混凝土的孔隙率，提高其密实度。

通过扫描电镜分析重晶石防辐射混凝土的微观结构。采用型号为 JSM6510A 的扫描电镜对重晶石防辐射混凝土的微观形态进行观察。将重晶石防辐射混凝土经干燥处理后放在压力机上压碎，在重晶石防辐射混凝土试块的中心部位取厚度 5mm 左右压碎后的薄片，薄片中不能含有骨料颗粒，然后将薄片粘贴在导电胶带上，完成制片后放入扫描电镜中，待仪器抽真空后控制电脑选择较清晰的微观结构图像，放大至一定倍数后拍照。重晶石防辐射混凝土微观结构形态如图 6.17 所示。

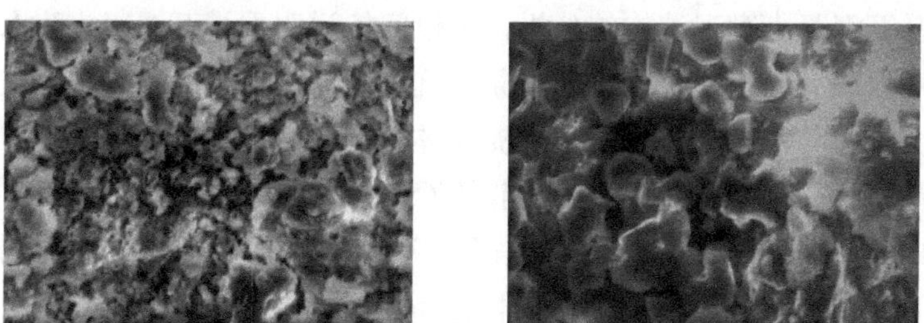

（a）未掺加钢渣，粉煤灰　　（b）钢渣掺量 20%，粉煤灰掺量 20%

图 6.17　重晶石防辐射混凝土微观结构形态

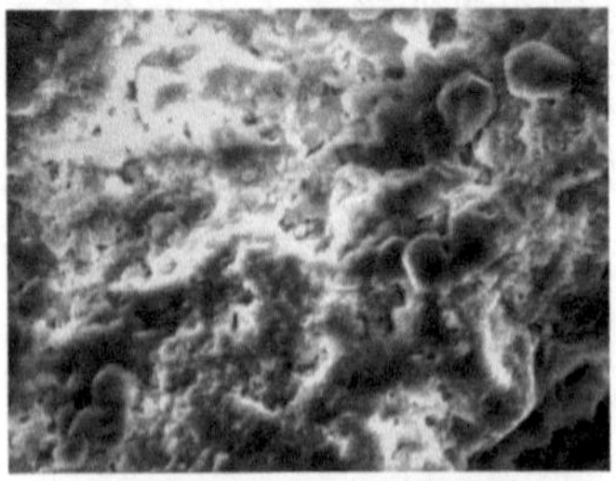

（c）钢渣掺量 20%，粉煤灰掺量 30%

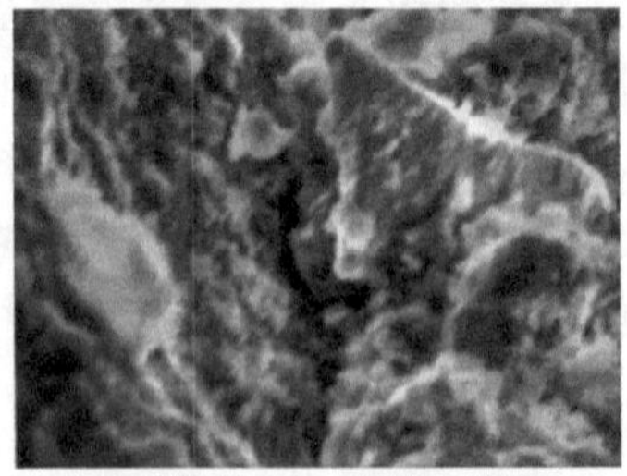

（d）钢渣掺量 20%，粉煤灰掺量 40%

图 6.17（续）

从图 6.17 可见：图 6.17（a）基准混凝土微观形态图中可以明显地看到无规则排列的 $Ca(OH)_2$ 晶体、水化硅酸钙凝胶（C—S—H），微观结构比较疏松但颗粒分布比较均匀，无较大颗粒出现，混凝土内部结构孔隙较多；图 6.17（b）中能够看到较多无规则排列的球型粉煤灰颗粒，颗粒之间缝隙较大；图 6.17（c）中能看到部分未水化的粉煤灰颗粒，相对图 6.17（b）混凝土更加致密；图 6.17（d）中可以看到混凝土较为致密，但颗粒并不均匀，粉煤灰含量增加，水泥含量减少，在粒径较大的粉煤灰界面出现微裂缝，粒径较小的粉煤灰表面已经与水化硅酸钙凝胶粘结在一起。

通过上述分析可以得出，粉煤灰水化进程较为缓慢，重晶石混凝土 28d 抗压强度比基准混凝低，粉煤灰掺量 30%时，微观结构较为均匀，因此粉煤灰掺量 30%时的重晶石防辐射混凝土强度较其他掺量重晶石混凝土抗压强度高。掺加粉煤灰填充了混凝土孔隙，降低了重晶石混凝土的孔隙率，使得重晶石混凝土更加密实、微观结构更加致密，因此 28d 抗压强度随着粉煤灰掺量的增加而提高；但是粉煤灰掺量 40%时，由于粉煤灰掺量过大，水泥含量相对减少，虽然微观结构下重晶石混凝土的颗粒较为均匀，但是重晶石混凝土微观结构整体性遭到破坏，颗粒之间粘结性能不足，从而使得重晶石混凝土的抗压强度下降。

对重晶石混凝土微观结构的分析，可以间接说明重晶石混凝土耐久性的变化规律。随着粉煤灰的掺加，重晶石混凝土抗渗水性能不断提高，粉煤灰掺量 40%时，粉煤灰颗粒与水混合，堵塞了水泥浆体的空隙，有利于重晶石混凝土抗渗水性能的提高。重晶石混凝土抗碳化性能随着粉煤灰掺量的增加而降低，粉煤灰掺量低于 30%时，粉煤灰的掺加对重晶石混凝土抗碳化性能提升的不利作用大于有利作用，当粉煤灰掺量大于 40%时，由于重晶石混凝土微观结构发生破坏，空气中的 CO_2 沿水泥浆体的空隙向混凝土内部扩散，不利于重晶石混凝土的抗碳化性能。

第 7 章　混凝土配筋构件约束变形下力学性能分析

7.1　配筋构件约束变形下力学性能概述

7.1.1　约束变形下配筋构件的受力特点

混凝土结构的开裂既可能是由于外部荷载作用的结果，也可能是由于混凝土收缩、温升温降等变形因素作用的结果。对于结构变形裂缝控制而言，一方面是通过合理的结构和构造措施，消除或者减小对混凝土收缩、温度变形的约束，达到减小内部约束拉应力、防止开裂的目的；另一方面是采用与荷载裂缝控制同样的手段，在结构约束拉应力较大的位置配置足够数量、分布合理、锚固良好的钢筋，以保证即使混凝土开裂，裂缝宽度和分布也能限制在可以接受的范围。允许的最大裂缝宽度，依据结构的类型、所处的环境条件及开裂造成的后果等因素而定，很多规范规定恶劣环境条件下不超过 0.3mm，普通环境条件不超过 0.3～0.5mm。

配筋是控制混凝土变形裂缝的重要手段，当消除或者减小结构的约束和变形都很难实现的情况下，则是控制变形裂缝的唯一手段。裂缝控制配筋主要是通过限制钢筋的拉应力将混凝土裂缝控制在容许的范围内，这对荷载裂缝和变形裂缝都是一致的。

轴向约束变形试件的约束拉应力沿截面均匀分布。无筋构件一旦开裂，裂缝会立即贯穿整个截面，完全丧失承载能力，只形成一条宽度很大的主裂缝，通常把这种裂缝称为直接拉伸裂缝。与弯曲裂缝相比，这种贯穿的直接拉伸裂缝无论是对结构承载能力、正常使用还是耐久性的危害都更大。配筋构件则不同，初始开裂后，钢筋承担原先混凝土开裂面所负担的拉应力，限制了裂缝的发展，继而随着变形的发展，在混凝土其他较弱断面依次形成新裂缝，并最后达到稳定状态。

无论是荷载直接作用还是变形间接作用，配筋构件从加载到破坏都应该经历 3 个阶段：①未开裂阶段，荷载或变形作用的初始阶段，钢筋和混凝土之间协同变形、共同受力，没有应变差异，没有裂缝产生；②裂缝扩展阶段，随着荷载或约束变形的增加，首先在混凝土最薄弱截面上的拉应力达到抗拉强度而开裂，开裂后裂缝处混凝土立即卸荷，荷载全部由钢筋承担，而远离裂缝处混凝土通过钢筋传递的粘结应力又不断在新的薄弱面形成新裂缝，周而复始；③稳定阶段，当钢筋和混凝土之间的粘结应力不足以使混凝土再次达到抗拉强度，混凝土将不再产生新的裂缝，达到稳定状态。

不同的是，变形作用下新的裂缝产生后，约束变形通过裂缝扩展而得到部分释放，约束程度降低，混凝土拉应力下跌，原有裂缝可能在一定程度上闭合，而后又随着约束变形和约束应力的发展再逐渐增加，荷载变形曲线呈“锯齿”状发展。荷载用作下，伴随着新裂缝形成，拉应力不再下跌，原有裂缝不闭合而是逐渐扩展，荷载变形曲线呈“阶梯”状发展，直至达到稳定状态并破坏。

7.1.2　约束变形下配筋构件的裂缝计算

裂缝宽度计算理论有粘结滑移理论、无粘结滑移理论以及二者结合而成的综合理论，无论对于荷载裂缝还是变形裂缝，这都是一致的。粘结滑移理论认为钢筋与周围混凝土之间的相对滑移是裂缝产生的根源，以靠近裂缝区域二者之间的粘结滑移作为分析裂缝的机理，决定裂缝宽度和间距的关键参数是钢筋直径与有效配筋率的比值d/ρ_{et}；无粘结滑移理论认为混凝土开裂后，钢筋与混凝土之间粘结并未完全破坏，相互滑动很小可以忽略，裂缝是混凝土应力释放后自动回缩的结果，钢筋表面处裂缝宽度为零，向外至混凝土表面处裂缝宽度逐渐增大，表面处裂缝宽度最大，以裂缝截面钢筋至构件表面的应变梯度作为分析裂缝的机理，决定裂缝大小的关键参数是混凝土保护层厚度c；综合理论借鉴了两者的合理之处，公式中既包含粘结滑移理论的参数d/ρ_{et}的影响，也包含无粘结滑移理论参数c的影响。

通常多数预测裂缝参数的模型和公式都是基于半理论半经验的，模型中包含需要由试验结果回归和校正的未知系数，因此只能对裂缝参数做出大致的预测，给出裂缝的平均宽度和平均间距，而难于精确反应实际结构真实的开裂模式和裂缝参数。

按照综合理论，最小裂缝间距s_{min}由下式确定：

$$s_{min} = k_2 c + k_1 \frac{d}{\rho_{et}} \tag{7.1}$$

式中：k_1、k_2分别为粘结滑移理论和无粘结滑移理论的影响系数；ρ_{et}为按有效受拉截面面积计算的纵向钢筋有效配筋率；d为钢筋直径。

按粘结滑移理论计算最小裂缝间距s_{min}的公式为

$$s_{min} = \frac{d}{10\rho} \tag{7.2}$$

式中：d为钢筋直径；ρ为配筋率。

按照粘结滑移理论，完全约束变形作用下钢筋和混凝土的应变分布和裂缝计算示意图如图 7.1 所示。裂缝处钢筋和混凝土粘结作用完全丧失，钢筋承担全部拉应力，拉应变为 ε_{st}，混凝土应变为其在自由状态下总的收缩（温度）变形应变 ε_f；远离裂缝两侧 s_{min} 以外为粘结良好区域，钢筋和混凝土没有相对滑移，协同变形，应变均为 ε_{sc}，钢筋受压，混凝土受拉，混凝土总应变 ε_{sc} 等于自由收缩应变减去约束拉应变，$\varepsilon_{sc} = \varepsilon_f - \varepsilon_{ct}$；裂缝两侧 s_{min} 以内区域为粘结滑移区，不妨假定粘结滑移区内钢筋和混凝土的应变均为线性分布，裂缝宽度为粘结滑移区域内钢筋和混凝土之间总的相对滑移量，也就是二者应变差在粘结滑移区内的积分，即图中阴影部分面积的 2 倍，按式（7.3）计算，分析中没有考虑混凝土徐变的影响。

$$w = 2\int_0^{s_{min}} \Delta\varepsilon_c \mathrm{d}x + 2\int_0^{s_{min}} \Delta\varepsilon_s \mathrm{d}x = s_{min}(\varepsilon_{st} + \varepsilon_f) \tag{7.3}$$

式中：s_{min} 可以由裂缝计算的综合理论公式（7.1）或者粘结滑移理论公式（7.2）等半理论半经验公式确定；ε_f 为已知总的混凝土自由收缩应变。要确定裂缝宽度，关键在于求得开裂后构件的约束应力并依此确定裂缝处的钢筋应变。

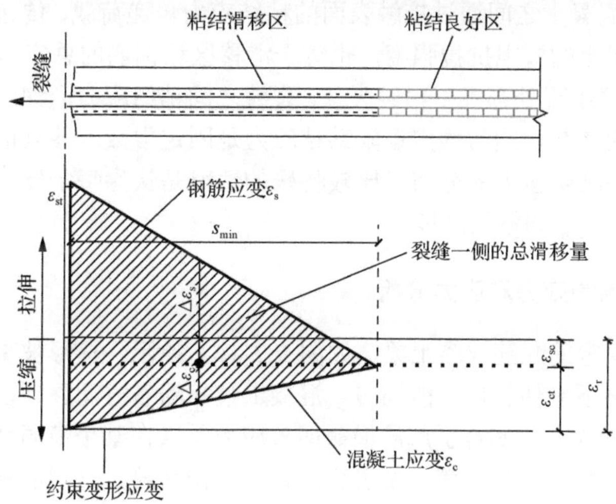

图 7.1　约束变形作用下钢筋和混凝土的应变分布和裂缝计算示意图

7.2　约束变形下配筋构件力学性能分析

7.2.1　基本假定

在进行变形作用下配筋构件在端部完全约束情况下的应力、应变和开裂的计算分析时，类似于混凝土在直接荷载作用下的开裂分析，参考已有方法（Hughes，1988；Gilbert，2001），做如下假定。

1）混凝土变形的平截面假定，以保证混凝土构件拉应力沿着整个横截面均匀分布。

2）混凝土收缩和温度变化过程不影响总的钢筋长度的改变，这样可以认为，裂缝处和粘结滑移区钢筋的总伸长在数值上等于远离裂缝的粘结良好区域上钢筋的总缩短。

3）力的平衡条件要求裂缝区域和远离裂缝区域构件受力相等。

4）远离裂缝的粘结良好区域钢筋和混凝土应变相容，单位长度上钢筋缩短等于混凝土的净缩短，混凝土净缩短等于自由收缩变形减去混凝土拉应力产生的拉伸变形，该区域内混凝土和钢筋之间没有相对滑移，不产生粘结应力，因而混凝土和钢筋应力都维持不变。

5）裂缝区域附近混凝土和钢筋的变形不再维持相容性，钢筋和混凝土之间存在相对滑移，并假定粘结失效发生于每条裂缝出现处，粘结滑移区域钢筋和混凝土之间总的相对滑移长度即为裂缝宽度。

6）钢筋和混凝土之间通过接触表面的粘结应力传递荷载，传递的粘结应力之和应该等于混凝土的极限抗拉强度，也等于滑移区域钢筋的总应力改变之和。

7）每条裂缝出现处都发生粘结失效，裂缝之间粘结应力沿钢筋长度的分布是极限粘结强度的函数，通常假定极限粘结应力是固定常数，并且钢筋和混凝土之间的滑移不影响粘结应力的分布。比较特殊的情况是认为每条裂缝的两端存在着固定的、长度为 $s_{\min}$ 的粘结区域。

7.2.2　初裂后的约束力和应力分析

两端完全固定的配筋混凝土梁，如图 7.2（a）所示，变形被支座或者相邻构件完全约束，梁不能伸长也不能缩短。混凝土收缩随着时间逐渐发展，约束拉应力 $N(t)$ 也逐渐增大，当 $N(t)$ 引起的横截面拉应力首次在某个薄弱截面处达到混凝土的抗拉强度 f_t 时，就产生第一条贯穿的直接拉伸裂缝。开裂前极限约束荷载为 $N(t)=A_c\cdot f_t$，A_c 为混凝土横截面面积，钢筋不变形，不参与受力。开裂后由于裂缝对约束变形的释放作用，约束荷载立即降低为 N_{cr}。N_{cr} 的大小及初始开裂后的裂缝宽度 w，与穿过裂缝截面的配筋率相关，此外还受到钢筋与混凝土之间的粘结情况、钢筋的尺寸和分布、混凝土质量等多方面因素的影响。按照配筋率不同，可以分为以下 3 种情况考虑。

1）对于没有配筋的素混凝土试件，开裂后 $N(t)$ 降低为 0，裂缝宽度为试件在自由状态下的收缩变形，随着收缩变形的发展，裂缝宽度逐渐增大，这种裂缝难以为结构设计者或规范所接受。

2）构件截面虽然有配筋，但是配筋率太低，裂缝处钢筋在 N_{cr} 作用下立即屈服（$N_{cr}\geqslant A_s\cdot f_y$，$A_s$ 为钢筋横截面面积，f_y 为钢筋抗拉强度），或者裂缝处钢筋虽然没有立即屈服，但经历额外一段时间的收缩和约束荷载增加的过程后，最终屈服。这种情况同样会造成裂缝宽度过大而不满足设计规范要求，可以据此给出截面最小配筋率的限值。

3）构件配筋适中，每条裂缝处钢筋都不会屈服，裂缝宽度保持在较低数值，裂缝处因开裂而造成的刚度损失值较小，约束应力仍维持较高水平，最终形成很多条细小裂缝，通过计算分析裂缝宽度以验证是否满足设计和规范要求。这种情况是我们裂缝控制的目标，下面的分析也主要针对该情形。

裂缝处约束荷载全部由钢筋承担，混凝土应力为 0，未开裂处约束荷载由钢筋和混凝土共同承担，其中混凝土承担的应力小于极限抗拉强度 f_t。紧邻裂缝两端存在粘结滑移区，标记为区域 2，如图 7.2（b）～（d）所示，该区域内钢筋和混凝土应力变化显著，钢筋和混凝土之间粘结被部分破坏，由于裂缝宽度 w 很小，区域 2 长度近似为 $2s_0$；远离区域 2 以外区域，钢筋和混凝土的应力都不再受到裂缝存在的影响，钢筋和混凝土之间粘结良好，标记为区域 1。

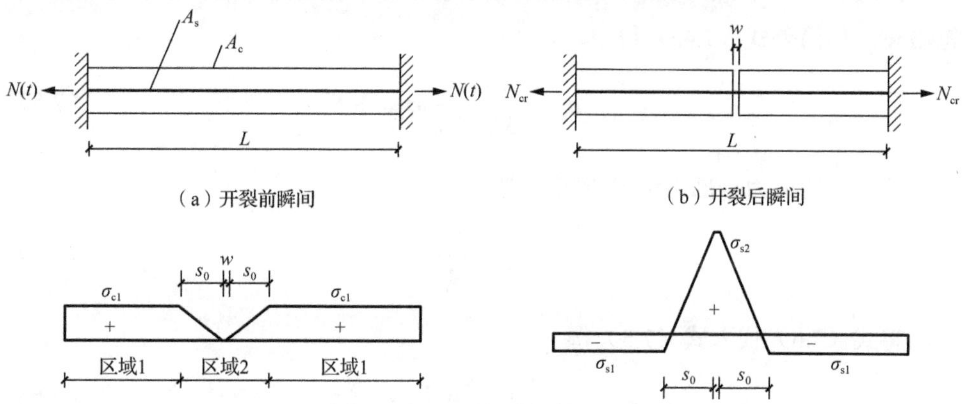

（a）开裂前瞬间　（b）开裂后瞬间

（c）开裂后混凝土应力　（d）开裂后钢筋应力

图 7.2　配筋构件约束变形作用下初始开裂后的应力分布

粘结良好区域 1 中，混凝土和钢筋应力为常数，分别记为 σ_{c1} 和 σ_{s1}。由于裂缝处钢筋受拉，而钢筋总长度不变（完全约束），因此 σ_{s1} 必然是受压的。平衡条件要求任何截面钢筋和混凝土承担的合力等于约束力，区域 1 中钢筋受压，则混凝土必然受拉，并且混凝土承担的拉应力的合力（$\sigma_{c1} \cdot A_c$）大于约束力 N_{cr}。区域 2 中，混凝土应力由裂缝处的 0 值逐渐变为距离裂缝为 s_0 处的 σ_{c1}，钢筋应力则由裂缝处的 σ_{s2}（拉）变为距离裂缝 s_0 处的 σ_{s1}（压）。

为了求得图 7.2 中初裂后的裂缝宽度，以及钢筋和混凝土的应力分布，必须首先确定 s_0 的长度和约束力 N_{cr}，s_0 可以由最小裂缝间距的经验公式（7.2）得到，剩下的就是如何推导初裂后的约束力 N_{cr}，然后据此得到钢筋应力和混凝土应力。

分析的基本原则是从构件的力平衡方程、变形协调几何方程、应力-应变物理方程三方面出发，导出最后结果。

由于是完全约束，根据前面的假定，钢筋总长度不变，则钢筋应变沿构件长度的积分为 0，积分之前必须假定图 7.2 中粘结滑移区域 2 中的应变分布（或应力分布）规律，不妨假定为线性分布或者 2 次抛物线分布。

若是假定滑移区钢筋应力为 2 次抛物线分布，由积分法整理后可得

$$\frac{\sigma_{s1}}{E_s}L+\frac{\sigma_{s2}-\sigma_{s1}}{E_s}\left(\frac{2}{3}s_0+w\right)=0 \tag{7.4a}$$

若假定粘结滑移区钢筋应力为线性分布，则可以得到类似的公式：

$$\frac{\sigma_{s1}}{E_s}L+\frac{\sigma_{s2}-\sigma_{s1}}{E_s}\left(s_0+\frac{1}{2}w\right)=0 \tag{7.4b}$$

在式（7.4a）和式（7.4b）中，由于粘结滑移区半长度 s_0 远远大于裂缝宽度 w，忽略 w，化简公式（7.4a）得

$$\sigma_{s1}=\frac{-2s_0}{3L-2s_0}\sigma_{s2} \tag{7.5}$$

裂缝处约束力全部由钢筋承担，则

$$\sigma_{s2}=\frac{N_{cr}}{A_s} \tag{7.6}$$

将式（7.6）代入式（7.5）得

$$\sigma_{s1}=\frac{-2s_0}{3L-2s_0}\frac{N_{cr}}{A_s}=-C_1\frac{N_{cr}}{A_s} \tag{7.7}$$

式中：C_1 为常数：

$$C_1=\frac{2s_0}{3L-2s_0} \tag{7.8}$$

变形完全约束，第一条裂缝出现前混凝土任意一点的总应变为 0，任意一点混凝土总应变由自由收缩应变 ε_{sh}、徐变应变 ε_{cr}、拉伸应变 3 部分组成，3 个应变分量均不为 0，拉伸应变和徐变应变为正，自由收缩应变为负。此外，第一条裂缝发生前的瞬间，裂缝处混凝土拉应力为极限抗拉强度 f_t，这样开裂前瞬间任意一点混凝土应变满足：

$$\varepsilon_{sh}+\varepsilon_{cr}=-\frac{f_t}{E_c} \tag{7.9}$$

第一条裂缝出现后裂缝处混凝土拉应力瞬间降低，但收缩和徐变不会有较大变动，因为二者都属于时变特性量，随时间缓慢变化，不妨假定开裂前瞬间和开裂后瞬间其数值不变。

开裂后在粘结良好区域 1 中钢筋和混凝土共同分担约束力 N_{cr}，平衡方程为

$$\sigma_{c1}A_c + \sigma_{s1}A_s = N_{cr} \tag{7.10}$$

把式（7.7）代入式（7.10）式整理后得

$$\sigma_{c1} = \frac{N_{cr} - \sigma_{s1}A_s}{A_c} = \frac{N_{cr}(1+C_1)}{A_c} \tag{7.11}$$

开裂后在粘结良好区域 1 中，钢筋和混凝土变形一致无滑移，钢筋应变和混凝土总应变相等，混凝土总应变又由 3 部分组成，这样变形协调方程为

$$\frac{\sigma_{s1}}{E_s} = \frac{\sigma_{c1}}{E_c} + \varepsilon_{cr} + \varepsilon_{sh} \tag{7.12}$$

式中（$\varepsilon_{cr} + \varepsilon_{sh}$）按照前面的解释认为开裂前后不变，把式（7.7）、式（7.9）、式（7.11）代入式（7.13），整理解得第一条裂缝出现后的约束应力 N_{cr} 为

$$N_{cr} = \frac{n \cdot \rho \cdot f_t \cdot A_c}{C_1 + n\rho(1+C_1)} \tag{7.13}$$

式中：ρ 为梁的配筋率，$\rho = A_s / A_c$；n 为钢筋弹性模量与混凝土弹性模量之比，$n = E_s / E_c$。

求出 N_{cr} 后，回代到式（7.6）、式（7.7）和式（7.11），就可求得开裂后瞬间的钢筋应力和混凝土应力分布。

以上是假定粘结滑移区钢筋应力为 2 次抛物线分布求出的结果。如果假设粘结滑移区应力为更简单的线性分布，最后得到 N_{cr} 的形式与式（7.13）完全一样，只不过式中系数 C_1 的形式不同，是由式（7.4b）整理得到

$$C_1' = \frac{s_0}{L - s_0} \tag{7.14}$$

按照初始开裂后裂缝处钢筋不屈服的原则，可以确定截面混凝土最小配筋率的一个限值：$N_{cr} / A_s < f_y$。

7.2.3　变形稳定后应力分析和裂缝计算

混凝土梁式配筋构件，初始开裂后，虽然构件在受力形式上还是两端完全固定的，但从受力机理上分析，已经不是完全约束而是变成部分约束了，因为随着收缩变形的继续发展，裂缝宽度不断增加，裂缝的发生和发展对约束变形是一种释放和缓解，即相当于构件的刚度降低了。初始开裂后继续发生收缩变形将导致

约束力 $N(t)$ 又继续增加，在距离第 1 条裂缝足够远处可能会形成第 2 条裂缝，最后逐渐发展为多条裂缝。伴随着每条新裂缝的产生，构件刚度依次降低，产生新裂缝所需要的绝对收缩变形量逐渐增大；这个过程不断重复，最后随着收缩的停止而达到稳定的裂缝模式。

所有收缩变形完成后裂缝的数量和宽度与构件的长度、钢筋的配置和分布、钢筋和混凝土的粘结、混凝土收缩变形量、混凝土的强度、弹性模量等因素相关。形成稳定裂缝模式时的应力分布如图 7.3 所示，假设共产生 m 条裂缝，每条裂缝的平均宽度为 w，最终构件整体的约束力为 $N(\infty)$。类似于初始开裂，同样在每条裂缝两边距离为 s_0 以内存在粘结滑移区域 2，距离 s_0 以外是粘结良好区域 1。区域 1 中混凝土应力和钢筋应力分别为 σ_{c1}^*、σ_{s1}^*；区域 2 中裂缝处混凝土应力为 0，钢筋应力为 σ_{s2}^*，构件其他位置的应力可以按照两端的应力数值和假定的应力分布模式确定。

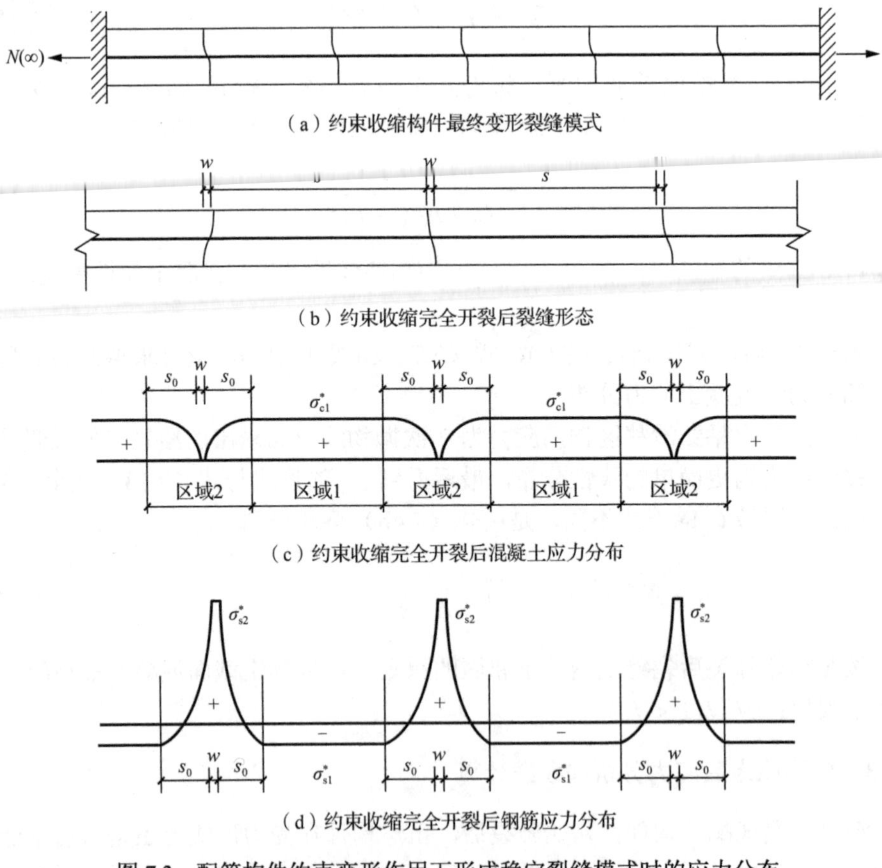

（a）约束收缩构件最终变形裂缝模式

（b）约束收缩完全开裂后裂缝形态

（c）约束收缩完全开裂后混凝土应力分布

（d）约束收缩完全开裂后钢筋应力分布

图 7.3　配筋构件约束变形作用下形成稳定裂缝模式时的应力分布

现在的问题就是如何求得裂缝条数 m、平均裂缝宽度 w 和最终的约束应力

$N(\infty)$。类比初裂分析，同样假定粘结滑移区域 2 中应力为二次抛物线分布，钢筋总长度不变，那么应变沿钢筋长度积分为 0，得到与式（7.4a）类似结果：

$$\frac{\sigma_{s1}^*}{E_s}L+m\frac{\sigma_{s2}^*-\sigma_{s1}^*}{E_s}\left(\frac{2}{3}s_0+w\right)=0 \tag{7.15}$$

与 s_0 相比 w 很小，忽略微小量 w 后整理得

$$\sigma_{s1}^*=\frac{-2ms_0}{3L-2ms_0}\sigma_{s2}^* \tag{7.16}$$

式（7.16）右边分子分母同除以 m，并令裂缝间距 $s=L/m$，得

$$\sigma_{s1}^*=\frac{-2s_0}{3s-2s_0}\sigma_{s2}^*=-C_2\sigma_{s2}^* \tag{7.17}$$

其中，

$$C_2=\frac{2s_0}{3s-2s_0} \tag{7.18}$$

在每条裂缝处钢筋独自承担约束力，裂缝处钢筋应力为

$$\sigma_{s2}^*=\frac{N(\infty)}{A_s} \tag{7.19}$$

远离裂缝的粘结良好区域 1 中混凝土拉应力随时间变化，由 0 逐渐增加到初始开裂时的混凝土抗拉强度 f_t，第 1 条裂缝出现后瞬间又降低至 σ_{c1}；此后重复经历混凝土应力随着约束变形的发展而缓慢积累上升，新裂缝出现后混凝土应力又突然跌落的过程。虽然整个过程混凝土应力是不断变化的，为了估算徐变应变方便，不妨假定存在一个介于 f_t 和 σ_{c1} 之间的名义平均应力 σ_{av}，据此估算整个收缩变形过程的弹性应变和徐变应变。

经过这样假定后，区域 1 中的徐变应变大致为

$$\varepsilon_c^*=\frac{\sigma_{av}}{E_c}\varphi^* \tag{7.20}$$

式中：φ^* 为最终徐变在平均拉应力 σ_{av} 下的徐变系数；E_c 为混凝土弹性模量。为简便起见，这里取名义平均应力 σ_{av} 为混凝土初始开裂后的拉应力和抗拉强度的平均：

$$\sigma_{av}=\frac{\sigma_{c1}+f_t}{2} \tag{7.21}$$

粘结良好区域 1 中的混凝土总应变包含弹性拉应变（正）、徐变应变（正）和

收缩应变（负）3 部分：

$$\varepsilon^* = \varepsilon_{\rm e} + \varepsilon_{\rm c}^* + \varepsilon_{\rm sh}^* = \frac{\sigma_{\rm av}}{E_{\rm c}} + \frac{\sigma_{\rm av}}{E_{\rm c}}\varphi^* + \varepsilon_{\rm sh}^* \tag{7.22}$$

式（7.22）中的徐变系数介于 2～4，随混凝土龄期、环境条件、加载时间等多方面因素而变化。最终收缩应变随环境条件、构件形状和尺寸、混凝土等级等因素变化，可以由试验或者经验大致确定，详见第 2 章的内容或相关参考文献。

这里引入有效弹性模量的概念，式（7.22）可以改写为

$$\varepsilon^* = \frac{\sigma_{\rm av}}{E_{\rm e}^*} + \varepsilon_{\rm sh}^* \tag{7.23}$$

区域 1 中的任何一点，约束荷载 $N(\infty)$ 都由钢筋和混凝土共同承担，由力的平衡条件可以得到

$$\sigma_{\rm c1}^* A_{\rm c} + \sigma_{\rm s1}^* A_{\rm s} = N(\infty) \tag{7.24a}$$

或者

$$\sigma_{\rm c1}^* = \frac{N(\infty) - \sigma_{\rm s1}^* A_{\rm s}}{A_{\rm c}} \tag{7.24b}$$

区域 1 中的变形协调条件是钢筋粘结良好，没有相对滑移，钢筋应变和混凝土应变相等：

$$\frac{\sigma_{\rm s1}^*}{E_{\rm s}} = \frac{\sigma_{\rm av}}{E_{\rm e}^*} + \varepsilon_{\rm sh}^* \tag{7.25}$$

把式（7.17）和式（7.19）代入式（7.25），令 $n^* = E_{\rm s} / E_{\rm e}^*$，整理后得到

$$N(\infty) = -\frac{n^* A_{\rm s}}{C_2}(\sigma_{\rm av} + \varepsilon_{\rm sh}^* E_{\rm e}^*) \tag{7.26}$$

为了求得 $N(\infty)$，系数 C_2 中包含的裂缝间距 s 必须事先确定。由于 $\sigma_{\rm c1}^*$ 小于混凝土的极限抗拉强度，利用式（7.17）、式（7.19）和式（7.24b）可得

$$\sigma_{\rm c1}^* = \frac{N(\infty)(1 + C_2)}{A_{\rm c}} \leqslant f_{\rm t} \tag{7.27}$$

把式（7.18）和式（7.26）代入式（7.27）整理得到

$$s \leqslant \frac{2s_0(1+\xi)}{3\xi} \tag{7.28}$$

其中，

$$\xi = \frac{-n^{*}\rho(\sigma_{\rm av}+\varepsilon_{\rm sh}^{*}E_{\rm e}^{*})}{n^{*}\rho(\sigma_{\rm av}+\varepsilon_{\rm sh}^{*}E_{\rm e}^{*})+f_{\rm t}} \tag{7.29}$$

裂缝的条数 $m=L/s$ 可以认为是能够使式（7.28）满足的最小整数。裂缝条数 m 确定后，再由式（7.26）求得构件整体的最终约束力，然后由式（7.17）、式（7.19）和式（7.24）确定钢筋和混凝土的最终应力。

对于最终平均裂缝宽度，考虑的出发点是混凝土最终总体的缩短等于全部裂缝宽度之和。图 7.3 中区域 1 混凝土的最终应变由式（7.23）确定，区域 2 混凝土的最终应变为

$$\varepsilon_{2}^{*} = \frac{f(x)\sigma_{\rm c1}^{*}}{E_{\rm e}^{*}}+\varepsilon_{\rm sh}^{*} \tag{7.30}$$

式中：$f(x)$ 为介于 0～1 变化的系数，在裂缝处 $f(x)$ 为 0，距离裂缝为 s_0 处 $f(x)$ 为 1，二者之间的数值随着粘结滑移区应力（应变）分布假定的不同而不同。如与初裂分析一样假定钢筋应力为 2 次抛物线分布，混凝土应变在裂缝间距 s 长度上积分，就可以得到平均裂缝宽度：

$$w = -\left[\frac{\sigma_{\rm c1}^{*}}{E_{\rm e}^{*}}\left(s-\frac{2}{3}s_0\right)+\varepsilon_{\rm sh}^{*}s\right] \tag{7.31}$$

以上关于裂缝间距和宽度的分析，是以钢筋应力-应变关系在线弹性范围内为基础的。如果配筋量太少（即钢筋横截面面积 $A_{\rm s}$ 太小），裂缝处钢筋屈服，这种情况下裂缝处钢筋应力 $\sigma_{\rm s2}^{*}$ 等于钢筋屈服强度 $f_{\rm y}$，最终约束力 $N(\infty)$ 等于 $f_{\rm y}\cdot A_{\rm s}$。由式（7.24），粘结良好区域 1 中的混凝土应力为

$$\sigma_{\rm c1}^{*} = \frac{f_{\rm y}A_{\rm s}-\sigma_{\rm s1}^{*}A_{\rm s}}{A_{\rm c}} \tag{7.32}$$

这种情况下钢筋在第 1 条裂缝处屈服后，混凝土拉应力随时间和裂缝开展的增长不会太大，约束力保持不变，混凝土拉应力不会再次达到极限抗拉强度，也就不会出现第 2 条甚至更多的裂缝。裂缝宽度由于钢筋的塑性变形而比较大，利用钢筋总长度不变，可以估算钢筋屈服情况下裂缝宽度：

$$\frac{\sigma_{\rm s1}^{*}}{E_{\rm s}}(L-w)+\frac{f_{\rm y}-\sigma_{\rm s1}^{*}}{E_{\rm s}}\times\frac{2}{3}s_0+w=0 \tag{7.33}$$

w 远远小于 L，式（7.33）化简后得到 w：

$$w = -\frac{\sigma_{\rm s1}^{*}(3L-2s_0)+2s_0f_{\rm y}}{3E_{\rm s}} \tag{7.34}$$

由于开裂后区域 1 中混凝土应力基本保持不变，可以用式（7.32）确定前面提及的平均应力，代入式（7.23）中，得

$$\frac{\sigma_{s1}^*}{E_s}=\frac{f_y A_s-\sigma_{s1}^* A_s}{A_c E_e^*}+\varepsilon_{sh}^* \tag{7.35}$$

或者

$$\sigma_{s1}^*=\frac{n^*\rho\cdot f_y+\varepsilon_{sh}^* E_s}{1+n^*\rho} \tag{7.36}$$

7.2.4 非完全约束的约束度

7.2.1～7.2.3 节的分析是基于构件变形在完全约束情况下而言，即约束度 R 为 100%的情形，而通常工程结构中完全约束只是一种理想的简化，实际上从约束程度上来讲多属于部分约束，也称为弹性约束，指物体或构件的变形不是完全自由的，而是受到其他物体或构件的约束，但是由于被约束结构和约束结构都是弹性可变形的，因此被约束体不是完全不动，而是部分变形，即不完全自由变形，这种工况在实际中最为常见。

对于非完全约束或者部分约束，可以用约束度的概念来表征自由变形受到的约束程度，自由变形乘以约束度，即为导致约束拉应力的约束变形，用约束变形代替前面推导完全约束过程中的变形值，就可以得到非完全约束下相应力学性能和裂缝参数的计算结果。

这里以简单的梁柱框架结构为例，介绍约束度的推导过程，如图 7.4 所示。

假设梁原长为 L，梁的轴向拉伸刚度为 K_B，柱沿着梁轴向方向的刚度（即梁在集中荷载作用下的弯曲刚度）为 K_C，刚度比 $\lambda=K_B/K_C$，梁的变形受到柱的约束，约束力为 P。梁在自由变形时，缩短 ΔL_f，自由变形应变为 ε_f，由于柱的约束，梁实际只缩短 ΔL_r，约束变形应变为 ε_r，因约束而产生的拉伸应变为 ε_t，有 $\varepsilon_t=\varepsilon_f-\varepsilon_r$，按照约束度的定义：

$$R=\frac{\varepsilon_f-\varepsilon_r}{\varepsilon_f} \tag{7.37}$$

梁构件在部分约束下实际发生的约束变形，按照荷载和变形的物理方程，有

$$\varepsilon_t=\frac{P}{K_B},\qquad \varepsilon_r=\frac{P}{K_C} \tag{7.38}$$

把式（7.38）代回式（7.37）中整理得到

$$R=\frac{\varepsilon_f-\varepsilon_r}{\varepsilon_f}=\frac{K_C}{K_B+K_C}=\frac{1}{\lambda+1} \tag{7.39}$$

$$P = \varepsilon_{\mathrm{t}} \cdot K_{\mathrm{B}} = R \cdot \varepsilon_{\mathrm{f}} \cdot K_{\mathrm{B}} = \frac{1}{\lambda + 1} \varepsilon_{\mathrm{f}} K_{\mathrm{B}} \tag{7.40}$$

可见，结构中构件约束度 R 只与约束体和被约束体的相对刚度λ有关，与绝对刚度无关；约束荷载 P 则既与相对刚度有关，又与绝对刚度有关，绝对刚度值越大，约束力也越大。当柱的刚度 K_{C} 很大而梁的刚度 K_{B} 很小时，λ趋近于 0，R 趋近于 1，此时柱基本不变形，梁可视为完全约束；当柱的刚度相对于梁的刚度很小时，λ 趋近于无穷大，R 趋近于 0，柱的约束作用可以忽略，梁接近于自由变形。

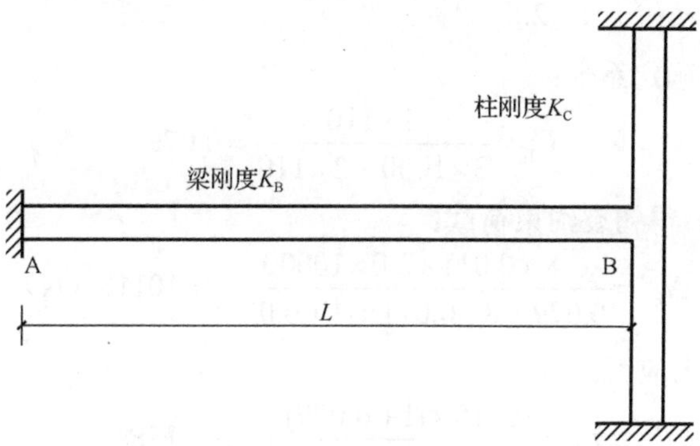

（a）梁柱体系

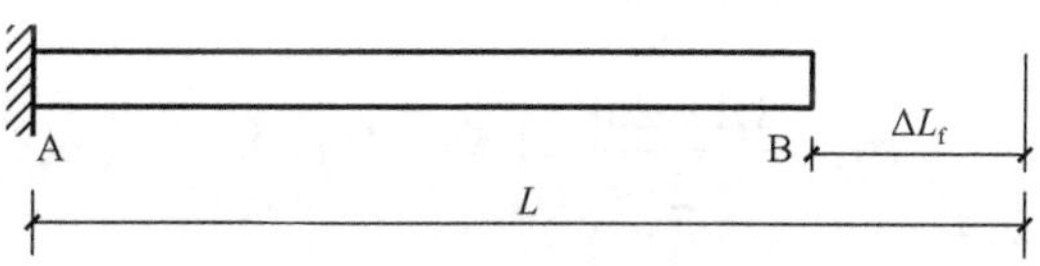

（b）B点约束释放

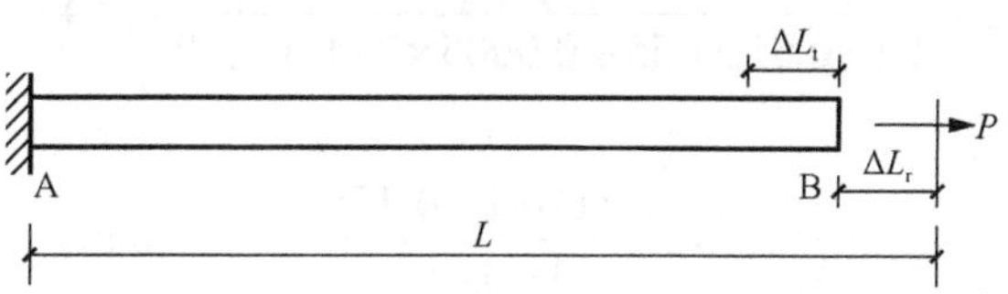

（c）B点约束施加

图 7.4　梁柱组合框架变形作用时约束度

7.2.5　算例

利用本章的推导方法，进行如下算例配筋构件在完全约束状态下约束应力发展和开裂过程的分析。

试件长度为 1m、横截面尺寸为 100mm×100mm 的钢筋混凝土梁，两端固定完全约束，梁纵向配置 1 根直径为 12mm 的钢筋，估算构件约束收缩变形作用下初裂约束荷载、最终稳定状态的约束荷载、钢筋和混凝土的应力、最终裂缝宽度。

混凝土强度等级按 C30 考虑，钢筋为普通碳素钢 Q235，基本材料参数和系数取值如下：$\varphi^* = 2.5$，$\varepsilon_{sh}^* = -500\times10^{-6}$，$f_t = 2.0\text{MPa}$，$E_c = 25000\text{MPa}$，$E_s = 2.0\times10^5\text{MPa}$，$n = 8$，$f_y = 210\text{MPa}$，$\rho = 0.011$。

由式（7.2）得粘结滑移区半长度：

$$s_0 = \frac{12}{10\times0.011} = 110\text{（mm）}$$

考虑徐变的混凝土有效模量：

$$E_e^* = \frac{25000}{1+2.5} = 7143\text{（MPa），}\qquad n^* = \frac{E_s}{E_e^*} = 28$$

由式（7.8）确定系数：

$$C_1 = \frac{2\times110}{3\times1000 - 2\times110} = 0.079$$

由式（7.13）得初裂约束荷载：

$$N_{cr} = \frac{8\times0.011\times2.0\times10000}{0.079 + 8\times0.011\times(1+0.079)} = 10118\text{（N）}$$

初裂后混凝土应力：

$$\sigma_{c1} = \frac{10118\times(1+0.079)}{10000} = 1.1\text{（MPa）}$$

混凝土平均应力：

$$\sigma_{av} = \frac{1.1+2.0}{2} = 1.55\text{（MPa）}$$

计算系数：

$$\xi = \frac{-28\times0.011(1.55-0.0005\times7143)}{28\times0.011(1.55-0.0005\times7143)+2.0} = 0.45$$

裂缝间距满足条件：

$$s \leqslant \frac{2s_0(1+\xi)}{3\xi} = \frac{2\times110(1+0.45)}{3\times0.45} = 236\text{（mm）}$$

裂缝条数：

$$m = \frac{L}{s} \geqslant \frac{1000}{236} = 4.2$$

取 m 为整数 5，则 $s = \dfrac{L}{m} = 200\text{mm}$。

由式（7.18）确定系数：

$$C_2 = \frac{2\times110}{3\times200 - 2\times110} = 0.58$$

由式（7.26）确定最终稳定状态的约束荷载：

$$N(\infty)=-\frac{28\times113}{0.58}(1.55-0.0005\times7143)=11028\ (\mathrm{N})$$

钢筋和混凝土的应力：

$$\sigma_{s2}^{*}=97.6\mathrm{MPa}\ ,\ \ \sigma_{s1}^{*}=-56.6\mathrm{MPa}\ ,\ \ \sigma_{c1}^{*}=1.74\mathrm{MPa}$$

最终裂缝宽度：

$$w=-\left[\frac{1.74}{7143}\left(200-\frac{2}{3}\times110\right)-0.0005\times200\right]=0.07\ (\mathrm{mm})$$

参 考 文 献

安明哲，1999. 高性能混凝土的自收缩研究[D]. 北京：清华大学.

陈群，2018. 钢渣复合掺料重混凝土耐久性试验研究[D]. 吉林：东北电力大学.

丁庆军，张立华，胡曙光，等，2002. 防辐射混凝土及核固化材料研究现状与发展[J]. 武汉理工大学学报，24（2）：16-19.

冯乃谦，邢锋，2009. 混凝土与混凝土结构的耐久性[M]. 北京：机械工业出版社.

富文权，韩素芳，2002. 混凝土工程裂缝分析与控制[M]. 北京：中国铁道出版社.

龚召熊，1999. 水工混凝土的温控与防裂[M]. 北京：中国水利水电出版社.

郭文强，石建军，曾帅，等，2016. 不同骨料防辐射混凝土屏蔽性能试验[J]. 混凝土（8）：84-86.

侯景鹏，2006. 钢筋混凝土早龄期约束收缩性能研究[D]. 上海：同济大学.

李国刚，毕春梅，2012. 利用钢珠、硼玻璃砂配制防核辐射高性能混凝土[J]. 公路，17（1）：166-170.

廉慧珍，2002. 水泥标准修订后对混凝土质量的影响[J]. 建筑技术，33（1）：8-11.

柳献，袁勇，2002. 自密实混凝土塑性收缩性能研究[J]. 水泥与混凝土制品（5）：6-10.

陆建兵，张树鹏，伊海赫，2013. 铅粉对防辐射砂浆水化性能和微观结构与组成的影响[J]. 硅酸盐通报，32（11）：2221-2226.

梅塔 P K，蒙特罗 P J M，2016. 混凝土的微观结构、性能和材料[M]. 欧阳东，译. 4 版. 北京：中国建筑工业出版社.

潘智生，赵晖，寇世聪，2011. 防辐射混凝土研究现状、存在问题及发展趋势[J]. 武汉理工大学学报，33（1）：45-51.

孙蓓，焦楚杰，2017. 防辐射混凝土的研究现状与发展趋势[J]. 混凝土（12）：139-140.

孙家瑛，2005. 钢渣微粉对混凝土抗压强度和耐久性的影响[J]. 建筑材料学报，8（1）：63-66.

孙涛，李新平，2013. 抗冲击防辐射重质混凝土耐久性研究[J]. 武汉理工大学学报，35（11）：24-28.

万在龙，袁勇，章勇武，2001. 基于孔结构模型的混凝土干缩变形理论分析[J]. 华中科技大学学报，29（10）：90-93.

王萍，王福川，2000. 防辐射混凝土的试验研究[J]. 建筑材料学报，3（2）：182-186.

王铁梦，1997. 工程结构裂缝控制[M]. 北京：中国建筑工业出版社.

吴德昌，1992. 切尔诺贝利核事故放射学的研究进展与教训[J]. 核科学与工程，12（3）：280-286.

伍崇明，丁德馨，张辉赤，等，2009. 屏蔽混凝土性能试验[J]. 核动力工程，30（3）：141-144.

许华胜，蒋正武，2004. 高性能混凝土中自身相对湿度变化与自收缩的研究[J]. 重庆建筑大学学报，26(2)：121-125.

严吴南，蒲心诚，王冲，1999. 超高强混凝土的化学收缩及干缩研究[J]. 施工技术，28（5）：17-18.

叶栋，魏涛，2015. 防辐射混凝土的材料性能研究[J]. 中国建材科技，28（4）：28-30.

袁勇，2004. 混凝土结构早期裂缝控制[M]. 北京：科学出版社.

中华人民共和国住房和城乡建设部，2009. 普通混凝土长期性能和耐久性能试验方法标准：GB/T 50082—2009[S]. 北京：中国建筑工业出版社.

中华人民共和国住房和城乡建设部，2010. 重晶石防辐射混凝土应用技术规范：GB/T 50557—2010[S]. 北京：中国计划出版社.

中华人民共和国住房和城乡建设部，2011. 普通混凝土配合比设计规程：JGJ 55—2011[S]. 北京：中国建筑工业出版社.

中华人民共和国住房和城乡建设部，2016. 普通混凝土拌合物性能试验方法标准：GB/T 50080—2016[S]. 北京：中国建筑工业出版社.

邹秋林，李军，卢忠远，2012. 防辐射混凝土高性能化研究进展[J]. 混凝土（1）：6-9.

AITCIN P C, NEVILLE A M, ACKER P, 1997. Integrated view shrinkage deformation[J]. Concrete international, 19(9): 35-41.

AKKURT I, EL-KHAYATT A M, 2013. The effect of barite proportion on neutron and gamma-ray shielding[J]. Annals of nuclear energy, 51(1): 5-9.

ALTOUBAT S A, LANGE D A, 2001a. Tensile basic creep: measurements and behavior at early age[J]. ACI materials journal, 98(5): 386-393.

ALTOUBAT S A, LANGE D A, 2001b. Creep, shrinkage and cracking of restrained concrete at early age[J]. ACI material journal, 98(4): 323-331.

BASHTER I I, MAKARIOUS A S, EL-SAYED ABDO A, 1996. Investigation of hematite-serpentine and ilmenite-limonite concretes for reactor radiation shielding[J]. Annals of nuclear energy, 23(1): 65-71.

BAŽANT Z P, XI Y P, 1994. Drying creep of concrete: constitutive model and experiments separating its mechanisms[J]. Materials and structures, 27 (1): 3-14.

BLOOM R, BENTUR A, 1995. Free and restrained shrinkage of normal and high-strength concrete[J]. ACI material journal, 92(2): 211-217.

CUSSON D, HOOGEVEEN T, 2007. An experimental approach for the analysis of early-age behavior of high performance concrete structures under restrained shrinkage[J]. Cement and concrete research, 37(2): 200-209.

ESEN Y, YILMAZER B Y, 2011. An investigation of X-ray and radio isotope energy absorption of heavyweight concretes containing barite[J]. Bulletin of materials science, 34(1): 169-175.

GENCEL O, BROSTOW W, OZEL C, 2010. Concretes containing hematite for use as shielding barriers[J]. Materials science, 16(3): 249-256.

GILBERT R L, 2001. Shrinkage, cracking and deflection-the serviceability of concrete structures[J]. Electronic journal of structural engineering, 1(1): 2-14.

HUGHES B P, CIFUENTES C V, 1988. Comparison of early-age crack width formulas for reinforced concrete[J]. ACI structural journals, 85(2): 158-166.

KHARITA M H, YOUSEF S, ALNASSAR M, 2009. The effect of carbon powder addition on the properties of hematite radiation shielding concrete[J]. Progress in nuclear energy, 51(2): 388-392.

KOVLER K, 1994. Testing system for determining the mechanical behavior of early age concrete under restrained and free uniaxial shrinkage[J]. Materials and structures, 27(3): 324-330.

RADOCEA A, 1998. Autogenous volume change of concrete at very early age[J]. Magazine of concrete research, 50(2): 103-107.

SAKR K, EL-HAKIM E, 2005. Effect of high temperature or fire on heavy weight concrete properties[J]. Cement and concrete research, 35(5): 590-596.

SHARMA A, REDDY G R, VARSHNEY L, et al., 2009. Experimental investigations on mechanical and radiation shielding properties of hybrid lead-steel fiber reinforced concrete[J]. Nuclear engineering and design, 239(7): 1180-1185.

SULE M, VAN BREUGEL K, 2001. Cracking behavior of reinforced concrete subjected to early-age shrinkage[J]. Materials and structures, 34(7): 284-292.

TAZAWA E, MIYAZAWA S, KASAI T, 1995. Chemical shrinkage and autogenous shrinkage of hydrating cement paste[J]. Cement and concrete research, 25(8): 288-292.

WEISS W J, YANG W, SHAH S P, 1998. Shrinkage cracking of restrained concrete slabs[J]. Journal of engineering mechanics, 124(7): 765-774.

WIEGRINK K, MARIKUNTE S, SHAH S P, 1996. Shrinkage cracking of high-strength concrete[J]. ACI material journal, 93(5): 409-415.

ZHANG J, LI V C, WU C, 2000. Influence of reinforcing bars on shrinkage stresses in concrete slabs[J]. Journal of engineering mechanics, 126(11): 1297-1300.